Kennst du dich aus im Hunderter? ①

① Trage in die Hundertertafel ein:

a) alle Zahlen mit 4 Z

b) alle Zahlen mit 7 E

c) alle Zahlen mit 2 gleichen Ziffern

d) alle Zahlen, bei denen Z und E zusammen 10 ergeben: 19, 28, …

e) alle Zahlen, bei denen die Zehner-Ziffer um 1 kleiner ist als die Einer-Ziffer: 12, 23, …

1	2	3	4	5					
11									
									90
									100

② Ausschnitte aus der Hundertertafel:
Trage die fehlenden Zahlen ein.

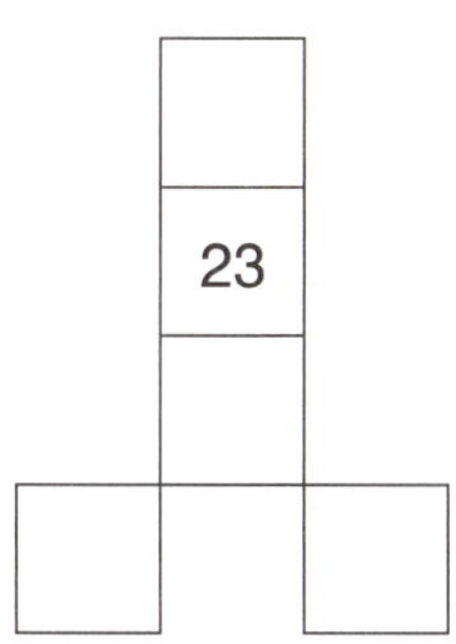

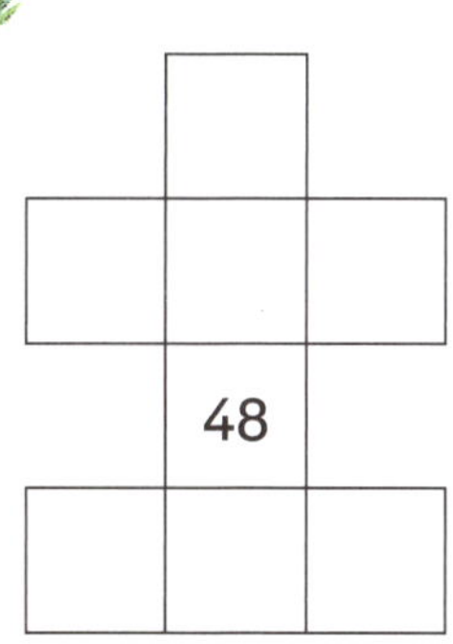

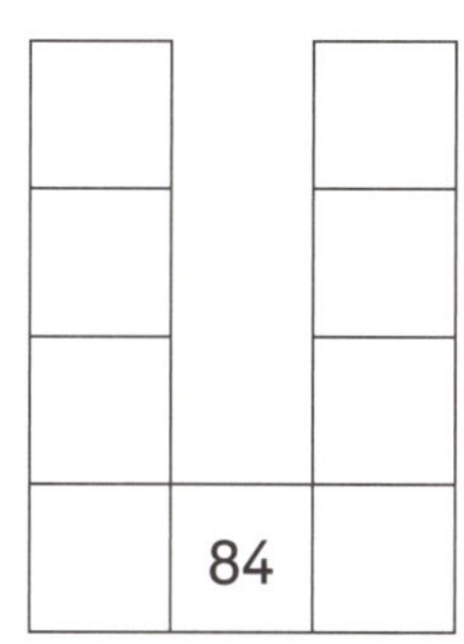

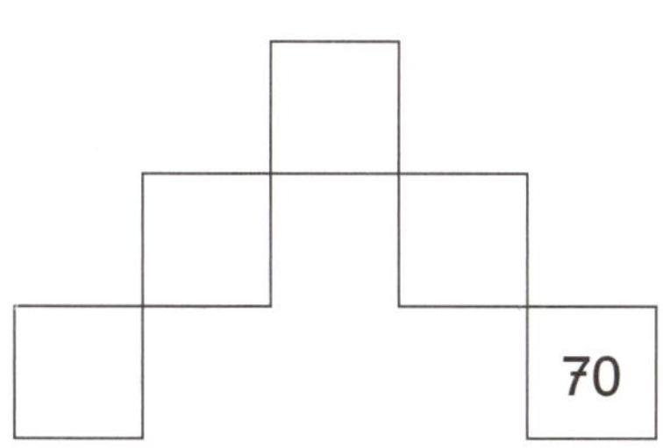

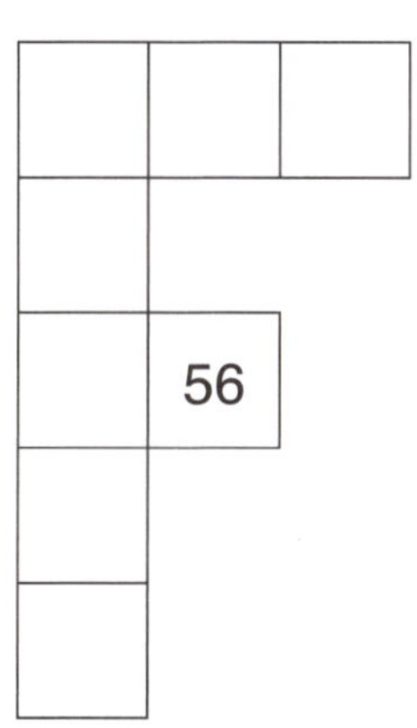

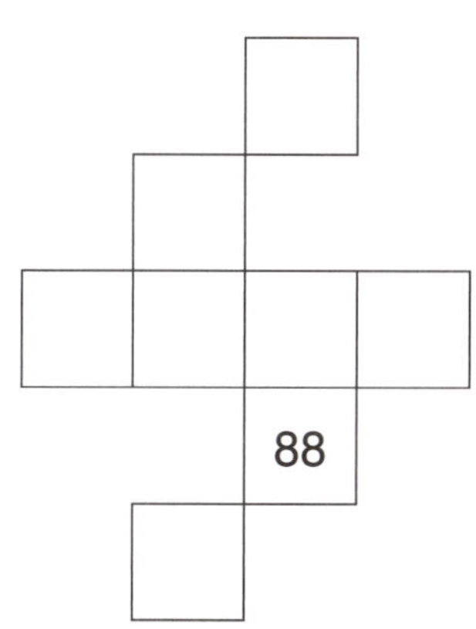

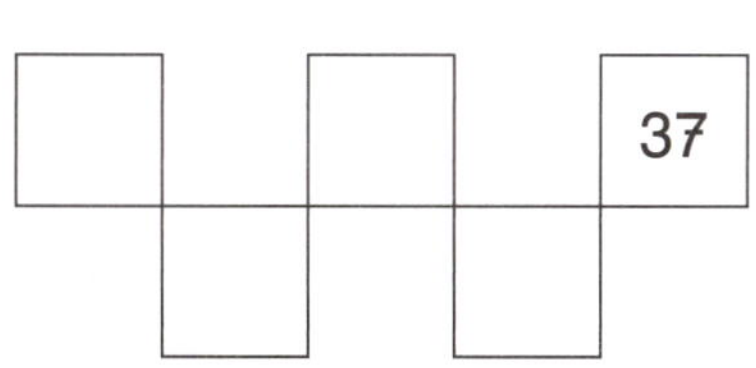

 MB S. 6/7

Kennst du dich aus im Hunderter? ②

1 Wandern auf der Hundertertafel

a)

+1	
27	28
49	
66	
82	
99	

−1	
20	
35	
58	
86	
100	

+10	
15	
29	
48	
74	
86	

−10	
28	
44	
69	
81	
95	

b)

+5	
24	
42	
61	
73	
95	

−3	
39	
57	
78	
86	
100	

+40	
16	
29	
43	
58	
60	

−30	
35	
51	
79	
85	
98	

2 Überlege: Welche Stellen ändern sich? Rechne.

a)
46 + 3 = ____
46 + 30 = ____
46 + 33 = ____

b)
32 + 6 = ____
32 + 60 = ____
32 + 66 = ____

c)
23 + 5 = ____
23 + 50 = ____
23 + 55 = ____

d)
89 − 7 = ____
89 − 70 = ____
89 − 77 = ____

e)
65 − 4 = ____
65 − 40 = ____
65 − 44 = ____

f)
98 − 6 = ____
98 − 60 = ____
98 − 66 = ____

g)
36 + 4 = ____
36 + 40 = ____
36 + 44 = ____

☆ h)
63 − 4 = ____
63 − 40 = ____
63 − 44 = ____

Verschiedene Rechenwege +

1 Rechne auf deinem Weg.

27 + 47 = ____

66 + 25 = ____

13 + 68 = ____

51 + 49 = ____

65 + 17 = ____

36 + 48 = ____

2 Der Rechenstrich kann helfen.

46 + 18 = ____

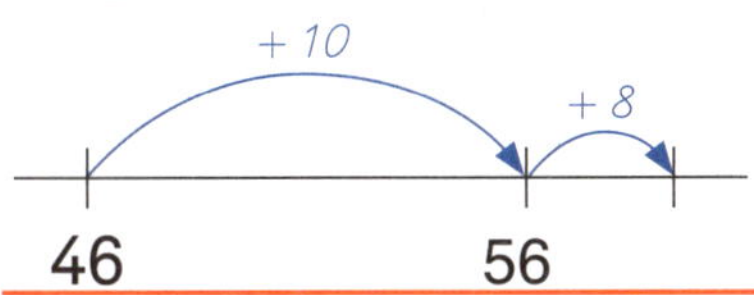

24 + 49 = ____

24

55 + 37 = ____

55

29 + 56 = ____

29

3 Interessante Ergebnisse. Finde jeweils die nächsten beiden Aufgaben.

a) 34 + 18 = ____
36 + 16 = ____
38 + 14 = ____
____
____

b) 43 + 47 = ____
53 + 37 = ____
63 + 27 = ____
____
____

c) 11 + 11 = ____
22 + 22 = ____
33 + 33 = ____
____
____

d) 49 + 13 = ____
48 + 15 = ____
47 + 17 = ____
____
____

e) 53 + 27 = ____
54 + 26 = ____
55 + 25 = ____
____
____

f) 65 + 35 = ____
65 + 34 = ____
65 + 33 = ____
____
____

① Rechne auf deinem Weg.

77 – 48 = ____

64 – 25 = ____

93 – 67 = ____

61 – 48 = ____

65 – 17 = ____

86 – 47 = ____

② Der Rechenstrich kann helfen.

74 – 45 = ____

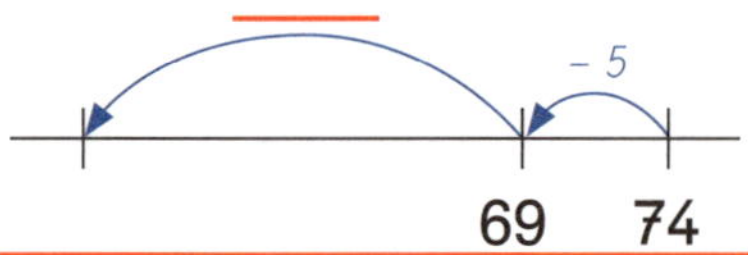

93 – 36 = ____

93

85 – 47 = ____

85

52 – 24 = ____

52

③ Interessante Ergebnisse. Finde jeweils die nächsten beiden Aufgaben.

a) 56 – 18 = ____
54 – 16 = ____
52 – 14 = ____

b) 83 – 47 = ____
73 – 37 = ____
63 – 27 = ____

c) 88 – 44 = ____
77 – 44 = ____
66 – 44 = ____

d) 45 – 17 = ____
43 – 16 = ____
41 – 15 = ____

e) 93 – 46 = ____
94 – 36 = ____
95 – 26 = ____

f) 47 – 38 = ____
48 – 37 = ____
49 – 36 = ____

Inhaltsverzeichnis

Finde zu den Texten die passenden Fragen, Rechnungen und Antworten.
Färbe in der gleichen Farbe, was zusammengehört.

Ich war im Zeltlager. In der ersten Woche waren wir 48 Kinder, in der zweiten Woche nur noch 23 Kinder.

An unserem Strand waren viele Muscheln. Mein Bruder hat 37 Muscheln gefunden, ich 22.

Wir sind mit einem Bus nach Spanien gefahren. Im Bus waren 12 Kinder und 36 Erwachsene.

Bei unserer Radtour sind wir am ersten Tag 4 Stunden gefahren, am zweiten Tag doppelt so lang und am dritten Tag von 9 Uhr bis 13 Uhr.

Für unser Grillfest haben wir 30 Würstchen besorgt, damit jeder 3 Würstchen essen konnte.

Wir sind mit einer Sesselbahn auf einen Berg gefahren. Meine Eltern mussten je 8 € bezahlen, ich die Hälfte.

Wie viele Stunden sind wir insgesamt gefahren?

Wie viele Personen waren im Bus?

Wie viele Personen waren beim Grillfest?

Wie viele Muscheln waren das insgesamt?

Wie viele Kinder sind nach der ersten Woche heimgefahren?

Wie viel mussten wir insgesamt bezahlen?

30 : 3 = ____

4 h + ____ h + ____ h = ____ h

12 + 36 = ____

37 + 22 = ____

48 – ____ = 23

8 € + ____ € + ____ € = ____ €

____ Personen waren beim Grillfest.

Im Bus waren ____ Personen.

Wir sind insgesamt ____ Stunden gefahren.

Es waren insgesamt ____ Muscheln.

Es sind ____ Kinder heimgefahren.

Wir mussten insgesamt ____ € bezahlen.

Rechnen in Tabellen

① Plusaufgaben

1 Tabelle –
16 Aufgaben

+	2	20	22	42
7				
17				
15				
25				

+	4	40	44	54
8				
26				
39				
47				

② Minusaufgaben

–	4	30	31	34
52				
71				
46				
66				

–	5	50	51	59
81				
63				
73				
93				

③ Große Tabellen

+	2	12	22	5	25	45
8						
38						
48						
28						

–	4	24	54	9	39	59
78						
98						
67						
87						

★ ④ Knobeltabellen

+	5		7	
	8			
8		33		
			50	
38				75

–	6	36		27
99				
69			56	
81				
	70			

–				
87				51
76			49	
65		47		
54	45			

MB S. 11

1

18 15 12	33 60 32	12 23 58
20 24 57	17 50 19	55 45 18

2

33 15 14	99 80 97	35 22 40
40 23 51	40 27 80	94 48 47

★ **3** Knobeldreiecke

70 60 50	74 64 54

Burg Schreckenstein

(1) Simsala und Bim besichtigen Burg Schreckenstein.
Sie fotografieren sie von vorn, von hinten, von rechts und von links.

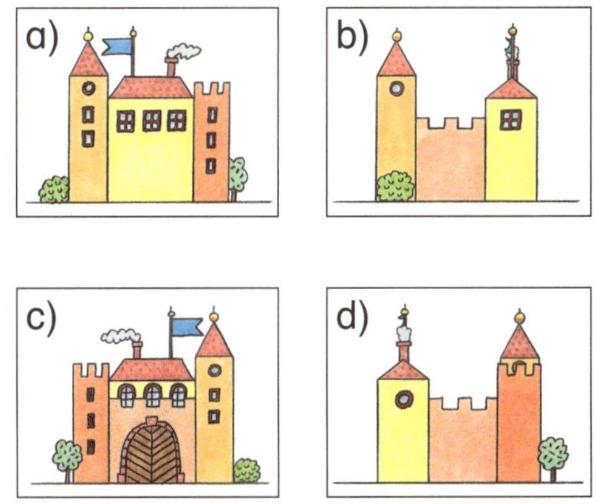

Von wo aus wurden die Bilder gemacht?

a) von ____________ b) von ____________ c) von ____________ d) von ____________

(2) Auf der Burg gibt es auch ein Labyrinth.
Darin sind wertvolle Schätze versteckt.

a) Zeichne Simsalas Weg rot ein.

„Ich gehe geradeaus ins Labyrinth, bis es nicht mehr weitergeht. Dann wende ich mich nach rechts und gehe wieder geradeaus, bis es nicht mehr weitergeht. Jetzt wende ich mich nach links, gehe ein Stück geradeaus, biege dann rechts ab und gehe geradeaus, bis es nicht mehr weitergeht. Wenn ich mich dann nach rechts wende, sehe ich

________________!"

b) Bim möchte auch einen Schatz finden. Wie soll er gehen? Beschreibe.

Zeichne Bims Weg blau ein. Was findet Bim? ________________

Einkaufen für die Ritterburg

MB S. 14/15

(1) Tim hat zum Geburtstag von Onkel Robert und Oma Christine insgesamt 40 € geschenkt bekommen. Er möchte weiteres Zubehör für seine Ritterburg kaufen: Einen Rundturm für 8,50 €, einen Brunnen für 4 €, ein Ritterset für 7 € und zwei Burgfräulein für jeweils 2 €.

Unterstreiche die Fragen ...
... grün, wenn du die Antwort sofort im Text findest,
... gelb, wenn du rechnen musst,
... rot, wenn man die Fragen nicht beantworten kann.

a) Wie viel kostet ein Ritterset? ________
b) Wie viel kosten die Teile insgesamt? ________
c) Wie viel Geld kann er ausgeben? ________
d) Wie viel Geld bekam er von Oma Christine? ________
e) Wie viel Geld bleibt übrig? ________

Beantworte zuerst die grün unterstrichenen Fragen.
Rechne und beantworte dann die gelb unterstrichenen Fragen.

Welche Angabe brauchst du, um die rote Frage zu beantworten?
☐ Ein Pferdeset kostet 8 €.
☐ Von Onkel Robert bekam er 25 €.

Rechne und beantworte nun die rote Frage.

(2) Stefan möchte auch seine Burg mit Zubehör ergänzen: Drei Burgfräulein für jeweils 2 €, zwei Rittersets für jeweils 7 €, Turnierzubehör für 12 € und ein Schlossgespenst für 3 €. Wie viel Geld muss Stefan noch sparen?

Welche Angabe brauchst du noch, um die Aufgabe zu lösen? Kreuze an.
☐ Stefan hat im letzten Monat schon ein Katapult für 10 € gekauft.
☐ Stefan hat bisher schon 25 € gespart.

Rechne und antworte.

In der Einmaleins-Werkstatt ①

1 Kernaufgabentraining

4 · 2 = ___	8 · 10 = ___	2 · 5 = ___	7 · 2 = ___	7 · 5 = ___
5 · 2 = ___	9 · 10 = ___	3 · 5 = ___	8 · 2 = ___	8 · 5 = ___
6 · 2 = ___	10 · 10 = ___	4 · 5 = ___	9 · 2 = ___	9 · 5 = ___

2 · 2 = ___
3 · 3 = ___
4 · 4 = ___
5 · 5 = ___
6 · 6 = ___
7 · 7 = ___
8 · 8 = ___
9 · 9 = ___
10 · 10 = ___

2 Ergebnisse von Kernaufgaben: Finde passende Malaufgaben.

8: 1 · 8, ___, ___, ___

16: ___, ___, ___, ___

36: ___, ___, ___, ___

3 „Weiße" Aufgaben mithilfe der Kernaufgaben lösen

a) Nachbaraufgaben

5 · 4 = ___	5 · 7 = ___	5 · 3 = ___	5 · 9 = ___	5 · 8 = ___
6 · 4 = ___	6 · 7 = ___	6 · 3 = ___	6 · 9 = ___	6 · 8 = ___
2 · 4 = ___	6 · 6 = ___	2 · 9 = ___	7 · 7 = ___	8 · 8 = ___
3 · 4 = ___	7 · 6 = ___	3 · 9 = ___	8 · 7 = ___	9 · 8 = ___

b) Verdoppeln und halbieren

2 · 7 = ___	2 · 8 = ___	6 · 6 = ___	6 · 5 = ___	2 · 6 = ___
4 · 7 = ___	4 · 8 = ___	3 · 6 = ___	3 · 5 = ___	4 · 6 = ___

c) Kernaufgaben zusammenbauen

7 · 6 = ___	7 · 8 = ___	9 · 4 = ___	7 · 3 = ___	6 · 9 = ___
6 · 6 = ___	5 · 8 = ___	___	___	___
1 · 6 = ___	2 · 8 = ___	___	___	___

In der Einmaleins-Werkstatt ②

MB S. 16/17

① Aufgabenreihen aus der Einmaleinstabelle

a)

4 · 6 = ___	3 · 4 = ___	4 · 8 = ___	2 · 3 = ___
5 · 6 = ___	4 · 4 = ___	5 · 8 = ___	3 · 3 = ___
6 · 6 = ___	5 · 4 = ___	6 · 8 = ___	4 · 3 = ___

b)

4 · 3 = ___	6 · 6 = ___	7 · 7 = ___	8 · 8 = ___
5 · 3 = ___	7 · 6 = ___	8 · 7 = ___	9 · 8 = ___
6 · 3 = ___	8 · 6 = ___	9 · 7 = ___	10 · 8 = ___

② Weiße Aufgaben lösen

9 ·	3 ·	6 ·	7 ·	8 ·	4 ·
9 · 4 = ___	3 · 4 = ___	6 · 4 = ___	7 · 3 = ___	8 · 9 = ___	4 · 3 = ___
9 · 6 = ___	3 · 9 = ___	6 · 7 = ___	7 · 6 = ___	8 · 3 = ___	4 · 6 = ___
9 · 3 = ___	3 · 7 = ___	6 · 3 = ___	7 · 8 = ___	8 · 6 = ___	4 · 8 = ___
9 · 8 = ___	3 · 6 = ___	6 · 9 = ___	7 · 9 = ___	8 · 4 = ___	4 · 9 = ___

③ a)

·	2	4	8	7
1				
2				
3				
4				
5				
6				
7				
8				
9				
10				

b)

·	3	6	9	10	5
1					
2					
3					
4					
5					
6					
7					
8					
9					
10					

Einmaleins-Verwandtschaften

1

8	10	12	18	24
___ · 8	___ · 5	___ · 2	___ · 9	___ · 2
___ · 4	___ · 10	___ · 4	___ · 2	___ · 4
___ · 2	___ · 2	___ · 3	___ · 6	___ · 3
___ · 1	___ · 1	___ · 6	___ · 3	___ · 6
				___ · 8
				___ · 12

16	9	40	36	32
___ · 2	___ · 3	___ · 10	___ · 6	___ · 8
___ · 4	___ · 9	___ · 5	___ · 9	___ · 4
___ · 8	___ · 1	___ · 4	___ · 4	
		___ · 8	___ · 2	

2 Richtig oder falsch? Findest du die anderen 5 Fehler?

7 · 6 = 42	✓	7 · 7 = 49	___	4 · 8 = 36	___	6 · 3 = 16	___
9 · 6 = ~~45~~	54	3 · 7 = 21	___	9 · 8 = 72	___	9 · 3 = 27	___
8 · 6 = 48	___	8 · 7 = 54	___	3 · 8 = 18	___	4 · 3 = 12	___
5 · 6 = 30	___	5 · 7 = 35	___	8 · 8 = 64	___	8 · 3 = 24	___
6 · 6 = 36	___	9 · 7 = 62	___	6 · 8 = 48	___	5 · 3 = 15	___

☆ **3** Welche Zahl passt nicht in die Reihe? Streiche sie durch.

7, 14, 21, 27, 35	18, 24, 30, 36, 43
32, 40, 49, 56, 64	17, 20, 24, 28, 32
27, 35, 45, 54, 63	16, 20, 25, 30, 35
40, 50, 60, 70, 81	3, 8, 9, 12, 15
16, 24, 32, 41, 48	18, 28, 36, 45, 54

1 Punktefelder teilen. Teile in gleiche Teile und schreibe die Rechnungen auf.

a) 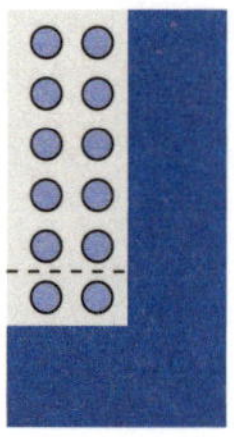

b) 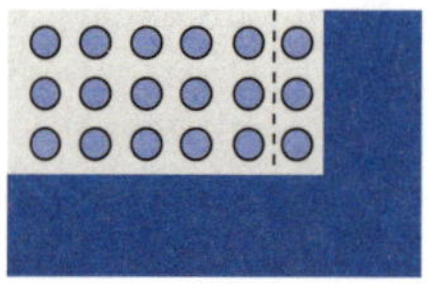

c) 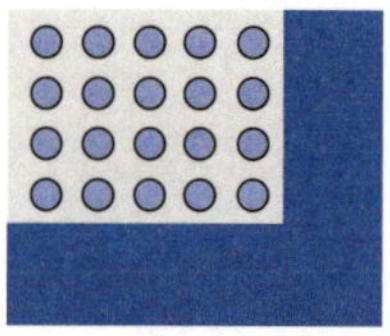

d) 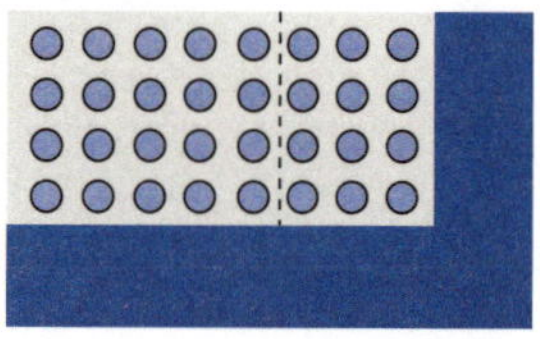

a)	b)	c)	d)
________	____ : 2 = ____	________	____ : 2 = ____
________	____ : 3 = ____	________	____ : 4 = ____
________	____ : 6 = ____	________	____ : 8 = ____

2 Verbinde die passenden Mal- und Geteiltaufgaben.

a)		b)	
63 : 7 = ____	6 · 9 = ____	28 : 4 = ____	9 · 4 = ____
42 : 7 = ____	4 · 9 = ____	36 : 4 = ____	8 · 6 = ____
54 : 9 = ____	9 · 7 = ____	42 : 6 = ____	7 · 4 = ____
36 : 9 = ____	6 · 7 = ____	48 : 6 = ____	7 · 6 = ____

3 Die Malaufgabe hilft.

a)		b)	
21 : 7 = ____	____ · 7 = 21	63 : 9 = ____	____ · 9 = 63
56 : 7 = ____	____ · 7 = 56	36 : 6 = ____	____ · 6 = 36
72 : 9 = ____	________	27 : 9 = ____	________
48 : 8 = ____	________	28 : 7 = ____	________
42 : 6 = ____	________	56 : 8 = ____	________

4 Finde die restlichen 5 Fehler.

a)		b)		c)	
28 : 7 = 4	✓	24 : 8 = 3	____	54 : 9 = 5	____
42 : 7 = ~~8~~	6	48 : 8 = 4	____	63 : 9 = 7	____
21 : 7 = 3	____	56 : 8 = 7	____	72 : 9 = 8	____
56 : 7 = 8	____	48 : 8 = 6	____	81 : 9 = 9	____
63 : 7 = 7	____	72 : 8 = 8	____	27 : 9 = 4	____

Multiplizieren und Dividieren gehören zusammen ②

① Drei Zahlen – vier Aufgaben

a) 3 | 7 | 21

3 · ____ = ____
7 · ____ = ____
21 : ____ = ____
21 : ____ = ____

b) 9 | 72 | 8

____ · ____ = ____
____ · ____ = ____
____ : ____ = ____
____ : ____ = ____

c) 7 | 56 | ____

____ · ____ = ____
____ · ____ = ____
____ : ____ = ____
____ : ____ = ____

Ich finde 2 Möglichkeiten.

d) 7 | 6 | ____

____ · ____ = ____
____ · ____ = ____
____ : ____ = ____
____ : ____ = ____

e) 30 | 6 | ____

____ · ____ = ____
____ · ____ = ____
____ : ____ = ____
____ : ____ = ____

f) 4 | 8 | ____

____ · ____ = ____
____ · ____ = ____
____ : ____ = ____
____ : ____ = ____

② Drei Zahlen – zwei Aufgaben

a) 7 | 49 | ____

____ · ____ = ____
____ : ____ = ____

b) 8 | 64 | ____

____ · ____ = ____
____ : ____ = ____

c) 9 | 9 | ____

____ · ____ = ____
____ : ____ = ____

☆ ③ Suche drei Zahlen, die zusammengehören.

16	9	48	72	2	17	7	11	1	0	2	28	9
7	2	13	54	9	6	7	58	4	32	4	8	9
6	18	8	3	8	8	49	6	10	60	8	54	81

8 Schleifen fehlen noch.

④ Wie heißt die Zauberregel? Finde ein weiteres Paar.

a) (:) →

81	9
27	3
45	5

b) (:) →

32	4
48	6
72	9

c) (:) →

28	4
35	5
49	7

d) (:) →

18	3
30	5
42	7

Beim Dividieren bleibt auch mal ein Rest

1 20 Kekse werden verteilt an:

– 2 Kinder	20 : 2 = ____
– 3 Kinder	20 : 3 = ____ R ____
– 4 Kinder	20 : __ = ______
– 5 Kinder	20 : __ = ______
– 6 Kinder	20 : __ = ______

2 Welche Zahlen passen nicht? Streiche durch.

Teiler von 30: 1, 8, 4, 5, 3, 6, 10, 2

Teiler von 24: 2, 1, 3, 6, 8, 7, 4, 9

Teiler von 36: 1, 5, 4, 6, 2, 3, 8, 9

3 Welcher Rest kann höchstens bleiben?

a)
30 : 6 = 5
31 : 6 = 5 R 1
32 : 6 = ____
33 : 6 = ____
34 : 6 = ____
35 : 6 = ____
36 : 6 = ____

höchster Rest: ______

b)
49 : 7 = ____
50 : 7 = ____
51 : 7 = ____
52 : 7 = ____
53 : 7 = ____
54 : 7 = ____
55 : 7 = ____
56 : 7 = ____

höchster Rest: ______

c)
64 : 8 = ____
65 : 8 = ____
66 : 8 = ____
67 : 8 = ____
68 : 8 = ____
69 : 8 = ____
70 : 8 = ____
71 : 8 = ____
72 : 8 = ____

höchster Rest: ______

d)
81 : 9 = ____
82 : 9 = ____
83 : 9 = ____
84 : 9 = ____
85 : 9 = ____
86 : 9 = ____
87 : 9 = ____
88 : 9 = ____
89 : 9 = ____
90 : 9 = ____

höchster Rest: ______

Im Zauberladen

① Zauberlutscher: Male mit der gleichen Farbe aus.

Himbeergeschmack: 7 mehr als 5 · 8	Brennnessel: 10 weniger als 7 · 8	Steinpilzgeschmack: 15 mehr als 9 · 5	Ketchup: Das Doppelte von 4 · 5
Meersalzlutscher: 2 weniger als 10 · 5	Zitronengeschmack: Die Hälfte von 8 · 8	Kartoffel: 1 mehr als 9 · 7	

② Welcher Zauberschuh gehört in welche Schachtel? Verbinde.

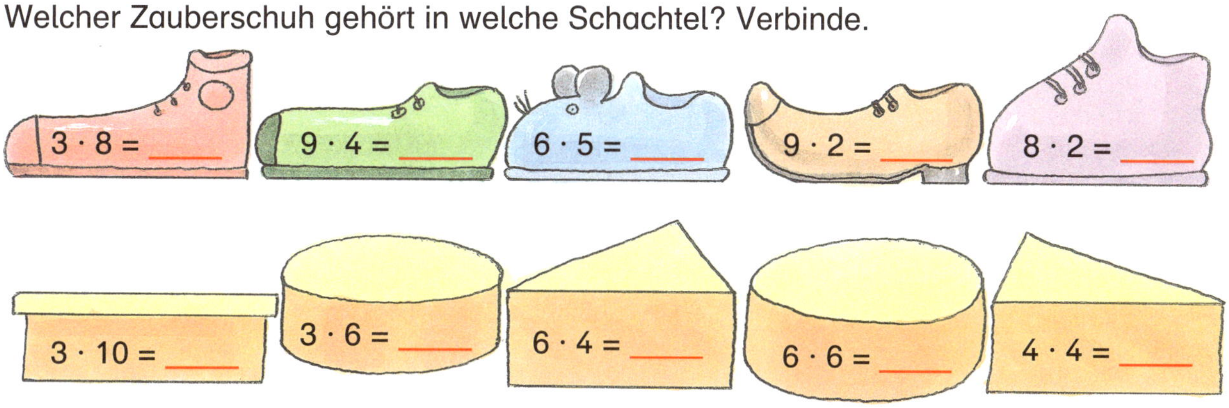

③ Zaubertücher: Ergänze.

24 = 4 · ____, gleich kommt die alte ________.

16 = 2 · ____, heute spukt es in der ________.

28 = 7 · ____, aus jedem Stein wird gleich ein ________.

56 = 8 · ____, heut' wird mit dem Fuß ________.

30 = 10 · ____, am besten schmeckt mir ________.

Brei   geschrieben   Tier   Nacht   Hex

☆ ④ Ergänze die fehlenden Zahlen.

Auf dem Volksfest

MB S. 26/27

Annika geht mit ihren Freunden Peter, Christine und Sarah über den Festplatz.
Sie lesen die verschiedenen Angebote:

Achterbahn
Kinder 2 €

1 x Werfen 50 ct
5 x Werfen 2 €
8 x Werfen 3 €

Autoscooter
1 x 2 €
3 x 5 €
8 x 10 €

1 Bratwurst 2 €
1 Portion Pommes 1 €

(1) Lies genau und beantworte dann diese Fragen:

a) Wie viel kostet eine Achterbahnfahrt? ______

b) Wie viel muss man für 5-mal Werfen bezahlen? ______

c) Wie teuer ist eine Bratwurst? ______

d) Wie viele Freunde hat Anika dabei? ______

e) Was kosten 8 Fahrten mit dem Autoscooter? ______

f) Was kostet 1 €? ______

g) Was kostet 5 €? ______

(2) Hier musst du rechnen.
Beachte die ermäßigten Preise.

a) Was kostet eine Achterbahnfahrt für alle Kinder?

A: Sie kostet insgesamt ____ €.

b) Jeder möchte beim Autoscooter einmal selbst lenken.
Wie viel müssen sie bezahlen?

A: Sie müssen ____ € bezahlen.

c) Ergänze die Tabelle für die Wurfbude.

d) Wenn jeder 2-mal wirft,
wie viel müssen sie bezahlen?

A: Sie müssen ____ € bezahlen.

Wurfbude			
1 x Werfen	50 ct	5 x Werfen	____
2 x Werfen	1 €	6 x Werfen	____
3 x Werfen	____	7 x Werfen	____
4 x Werfen	____	8 x Werfen	____

(3) Peter und Christine kaufen sich je eine Bratwurst, die beiden anderen Mädchen essen je eine Portion Pommes. Anika bezahlt für alle mit einem 10 €-Schein. Wie viel Geld bekommt sie zurück?

Antwort: Sie bekommt ______ zurück.

Zeichne die Skizzen fertig, trage alle Angaben ein und rechne.

1 Frau Kurz will ihre neue Pferde-Koppel einzäunen. Die Koppel ist 24 m lang und 17 m breit. An einer der langen Seiten soll eine Öffnung von 3 m für ein Tor frei bleiben.
Wie viel Meter Zaun benötigt Frau Kurz?

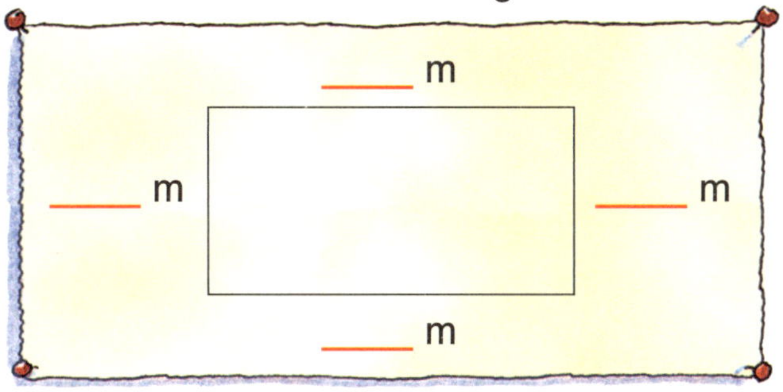

R:

A: ______

2 Ben ist 32 cm kleiner als seine Mutter und 12 cm größer als seine Schwester Tina.
Vater ist 1 m 88 cm groß. Er ist 16 cm größer als die Mutter.
Wie groß sind Ben, Tina und Mutter?

R:

A: ______

______

3 Eine Schnecke ist in einen sieben Meter tiefen Brunnen gefallen. Jeden Tag kriecht sie 4 Meter nach oben und rutscht in der Nacht wieder 3 Meter zurück. Sie startet am Montag. An welchem Wochentag erreicht sie den Brunnenrand?

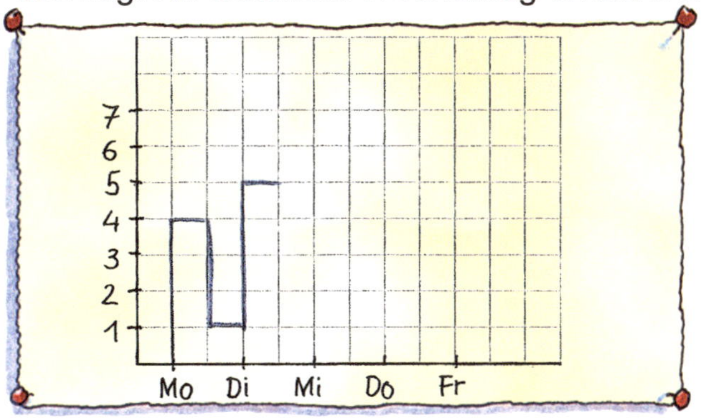

R:

A: ______

______

4 Felix besucht seine Oma. Um 9.25 Uhr fährt der Zug los. Unterwegs hat er 30 Minuten Aufenthalt. Um 11.10 Uhr kommt Felix bei seiner Oma an.

a) Wie lange war Felix unterwegs?
b) Wie lange war die reine Fahrzeit?

R:

A: ______

MB S. 32/33

1 Trage ein und zeichne.

H	Z	E		H	Z	E		H	Z	E		H	Z	E		H	Z	E
												5	3	0			8	6

2 Welche Karten gehören zusammen? Umfahre mit der richtigen Farbe. Ergänze.

zweihundert-vierund-neunzig	vierhundert-neunund-zwanzig	neunhundert-vierund-zwanzig	zweihundert-vierund-vierzig	vierhundert-vierund-neunzig
H Z E: 9 2 4	H Z E:	H Z E: 4 9 4	H Z E: 2 9 4	H Z E: 4 2 9
4 9 4	2 9 4		4 2 9	2 4 4
400 + 20 + 9			900 + 20 + 4	200 + 40 + 4

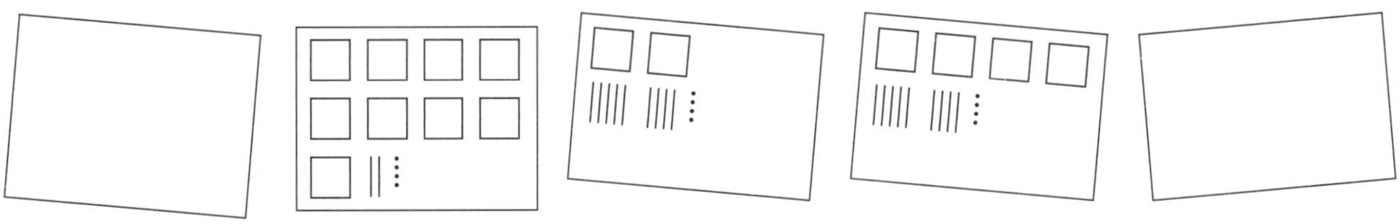

3 Bilde dreistellige Zahlen. Wie viele findest du? Schreibe auf.

2 | 300 | 10 | 700 | 3 | 50 | 6 | 800 | 1 | 70

1000 – eine überschaubare Zahl

1

a)
100 + 200 = ___
200 + 300 = ___
300 + 400 = ___
400 + 500 = ___
300 + 500 = ___

b)
800 + ___ = 1000
300 + ___ = 1000
900 + ___ = 1000
500 + ___ = 1000
400 + ___ = 1000

c)
100 + ___ = 1000
600 + ___ = 1000
200 + ___ = 1000
700 + ___ = 1000
1000 + ___ = 1000

2

a)
1000 – 600 = ___
1000 – 900 = ___
1000 – 700 = ___
1000 – 800 = ___
1000 – 1000 = ___

b)
1000 – ___ = 500
1000 – ___ = 900
1000 – ___ = 400
1000 – ___ = 700
1000 – ___ = 800

c)
1000 – ___ = 1000
1000 – ___ = 100
1000 – ___ = 600
1000 – ___ = 200
1000 – ___ = 300

3 Trage in die Stellenwerttafel ein.

a)	T	H	Z	E
vierhundertneunzig				
sechshundertzwanzig				
neunhundertsechzig				
dreihundertvierzig				
einhundertachtzig				
eintausendzehn				

b)	T	H	Z	E
zweihundertneunzehn				
fünfhundertachtundzwanzig				
siebenhundertvierundsechzig				
neunhundertdreiundvierzig				
achthundertfünfunddreiβig				
eintausendzweihundert				

4 Zahlenrätsel

a) Die Zahl ist das Doppelte von 200. ___

b) Die Zahl ist die Hälfte von 600. ___

c) Die Zahl ist um 100 kleiner als 1000. ___

d) Die Zahl ist um 200 größer als 500. ___

e) Die Zahl ist um 100 kleiner als 400. ___

f) Die Zahl ist das Doppelte von 500. ___

1 Zeichne und schreibe die Zahlen.

a)

H	Z	E	
●●	●●●●	●	
●●●●●●●	●	●●●	
●●●●		●●●●●	
			153
			513
			351

b)

	H	Z	E	
1 H 4 E	●		●●●●	104
9 H 5 E				
7 E 6 Z 3 H				
3 Z 3 H				
5 H 8 E				
3 H 7 Z 4 E				

2 Wie heißen die Zahlen? Schreibe sie auf.

a) Die Zahl hat 6 Hunderter, 3 Zehner und 2 Einer. ____

b) Die Zahl hat 4 Zehner und 2 Hunderter. ____

c) Die Zahl hat 4 Hunderter, halb so viele Zehner und 3 Einer. ____

d) Die Zahl hat 6 Einer, halb so viele Hunderter und 2 Zehner. ____

e) Die Zahl hat 3 Hunderter, doppelt so viele Einer und einen Zehner. ____

f) Die Zahl hat 4 Zehner, doppelt so viele Hunderter und halb so viele Einer wie Zehner. ____

3 Simsala hat diese Zahl gelegt.

H	Z	E	
●●●	●●	●●●●	

Ich lege ein Plättchen dazu. Ich kann es zu den H, Z oder E legen.

Zeichne Bims Plättchen jeweils an einer anderen Stelle dazu. Notiere die neuen Zahlen.

H	Z	E	
●●●	●●	●●●●	

H	Z	E	
●●●	●●	●●●●	

H	Z	E	
●●●	●●	●●●●	

4 Welche Zahlen entstehen, wenn du jeweils ein Plättchen dazulegst?

a)

H	Z	E
●●●●●●	●●●	●●●●

634

b)

H	Z	E
●●●●	●●●●●	●●

1000 – auf dem Zahlenstrahl

1

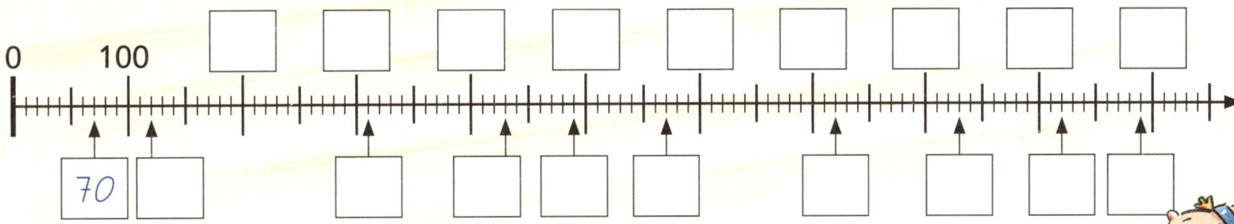

Trage in den Zahlenstrahl ein: a) alle Hunderterzahlen,
b) die Zahlen mit den Pfeilen.

2 Nachbarn gesucht.

a)

321	322	323		999			491	
	102			100			333	
	690			650			765	

b) Nachbarzehner: Male den Nachbarzehner an, der näher liegt.

370	376	380		666			692	
	423			502			300	
	719			285			990	

c) Nachbarhunderter: Male den Nachbarhunderter an, der näher liegt.

100	145	200		999			350	
	603			444			770	
	499			555			548	

3 (<), (>) oder (=)?

796	◯	769		189	◯	198		654	◯	564
505	◯	550		323	◯	232		990	◯	990
610	◯	601		472	◯	274		204	◯	402
393	◯	393		913	◯	931		725	◯	752

4 Setze die Zahlenfolgen fort.

a) 395, 397, 399, ____, ____, ____, ____, ____, 411

b) 878, 884, 890, ____, ____, ____, ____, ____, 926

c) 914, 910, 906, ____, ____, ____, ____, ____, 882

d) 411, 406, 401, ____, ____, ____, ____, ____, 371

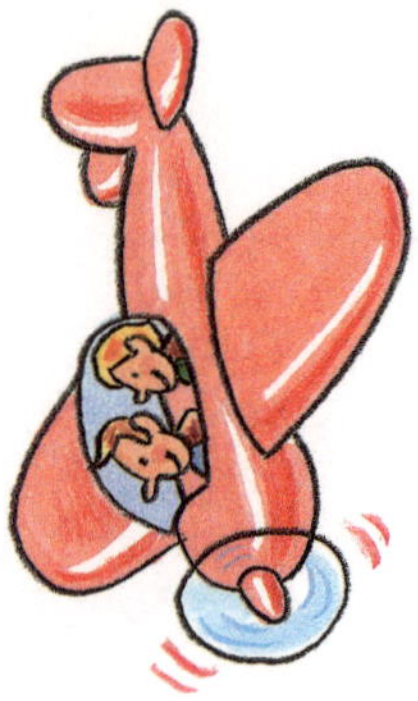

Verbinde die Punkte.

von 90 bis 113

von 286 bis 315

von 679 bis 699

von 795 bis 823

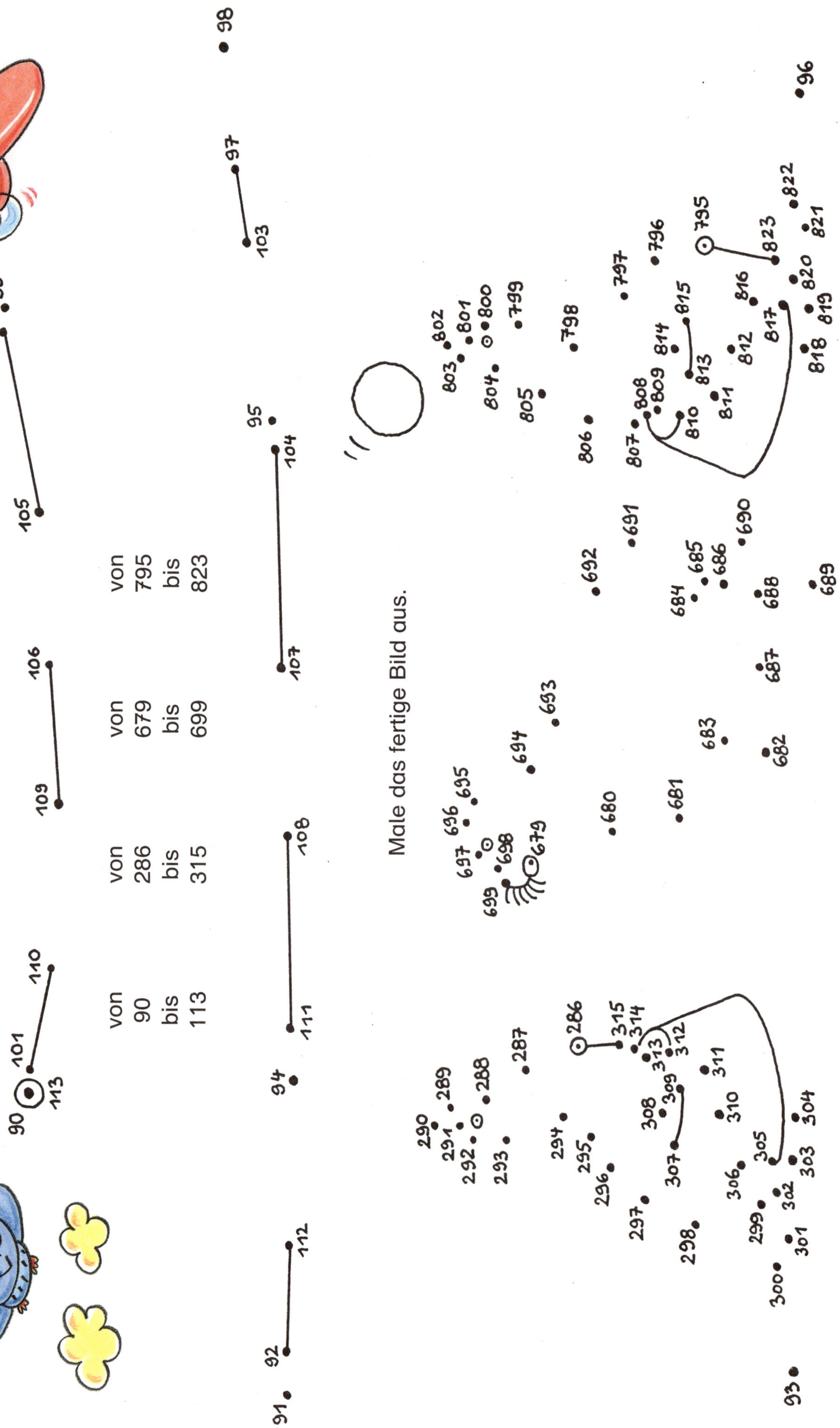

Male das fertige Bild aus.

Das Tausender-Leporello ①

① Ergänze bei den beiden Hundertertafeln:

a) alle Zahlen mit 3 Zehnern,
b) alle Zahlen mit 3 Einern.

② Ergänze bei den beiden Hundertertafeln:

a) alle Zahlen mit 6 Zehnern,
b) alle Zahlen mit 6 Einern.

③ Trage diese Zahlen an der richtigen Stelle in die Hundertertafel ein:

307	607	304	604
340	640	370	670
322	622	348	648
325	625	320	620
377	677	344	644

④ Trage nun diese Zahlen richtig ein:

7H | 3H 5Z 5E | 6H 8Z 8E | 3H 9Z 9E | 3H 1Z 1E | 3H 8Z 8E

⑤ Färbe in den Hundertertafeln:

a) alle Zahlen mit 2 gleichen Ziffern gelb,
b) alle Zahlen mit 3 gleichen Ziffern grün,

Erkennst du ein Muster?
Wie sieht es wohl in anderen Hundertertafeln aus?

301				305			308		310
	312		314					319	
		323					328		
			334						
				345					
					356				
						367			
371		373					378		
	382					387		389	
391		393			396				400

601									
611	612	613	614	615	616	617	618	619	
621								629	
631								639	
641								649	
651	652	653	654	655				659	
661				665				669	
671				675				679	
681				685				689	
691				695				699	

☆ ⑥ Suche diese beiden Zahlen in den Hundertertafeln. Färbe sie rot.

a) Die Zahl hat 0 Einer und doppelt so viele Hunderter wie Zehner.
b) Die Zahl hat 0 Einer und halb so viele Hunderter wie Zehner.

① Wie heißen die Zahlen rund um die Startzahl? Trage ein.

	346	

	296	

	704	

	989	

Bei welchen Zahlen beträgt der Unterschied zur Startzahl …

10? ⟶ Färbe gelb.

1? ⟶ Färbe blau.

9? ⟶ Färbe grün.

11? ⟶ Färbe rot.

② Ausschnitte aus dem Tausenderleporello: Ergänze.

423		

		719

				957			

③ Setze die Zahlenfolgen fort.

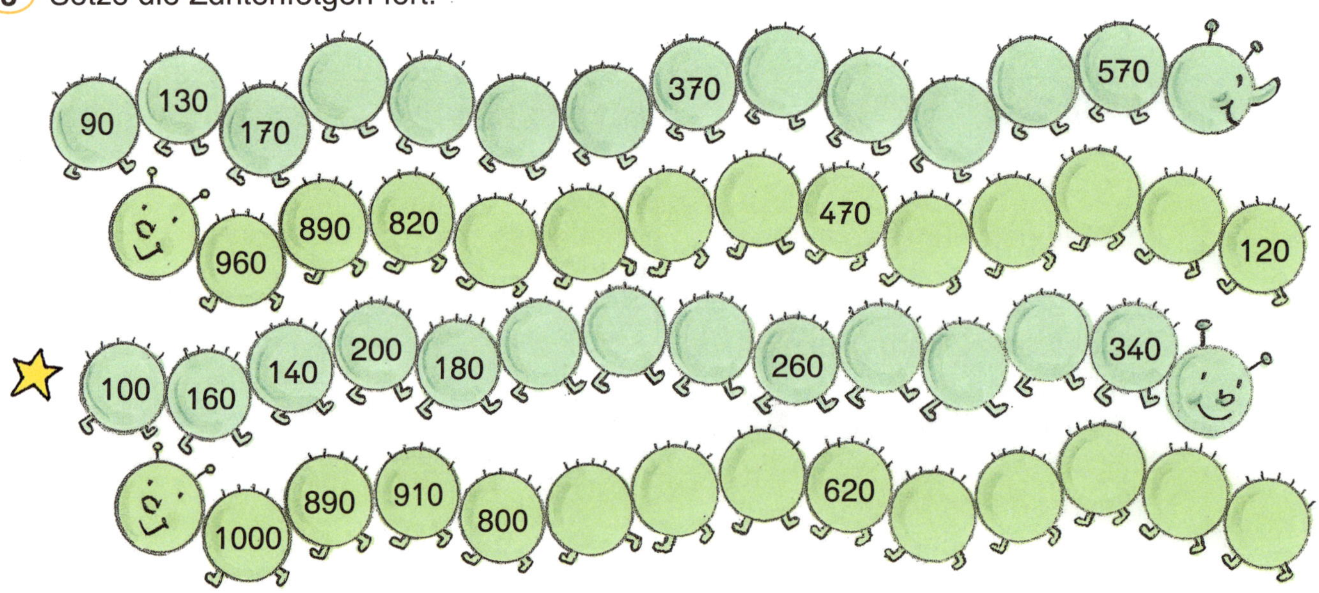

④ Bilde mit diesen Ziffern verschiedene 3-stellige Zahlen.

a) 7, 1, 4: 714, 741, ______________________

b) 5, 3, 9: ______________________

Bist du fit? ① – Teil 1

① Schreibe zu den Zahlen 4 Aufgaben.

5	7	

5 · ___ = ___
___ · ___ = ___
___ : 5 = ___
___ : ___ = ___

	32	8

___ · ___ = ___
8 · ___ = ___
___ : 8 = ___
___ : ___ = ___

9	7	

9 · ___ = ___
___ · ___ = ___
___ : 9 = ___
___ : ___ = ___

②

·		6	8	10
2	4			
4				
6				
8				

·				
3	9			
5		35		
7			63	
9				45

③ Manchmal bleibt ein Rest.

50 : 7 = ___	66 : 8 = ___	45 : 6 = ___	28 : 4 = ___
49 : 7 = ___	64 : 8 = ___	42 : 6 = ___	30 : 4 = ___
51 : 7 = ___	69 : 8 = ___	40 : 6 = ___	32 : 4 = ___
48 : 7 = ___	62 : 8 = ___	39 : 6 = ___	27 : 4 = ___

④ Trage ein und zeichne.

□ ||||| ⁙
□ ||||
□
□

H	Z	E

□ ||||| ::
□ ||
□

H	Z	E

□ | ⁙
□

H	Z	E

H	Z	E
3	0	0

H	Z	E
1	5	0

① Trage die fehlenden Zahlen ein.

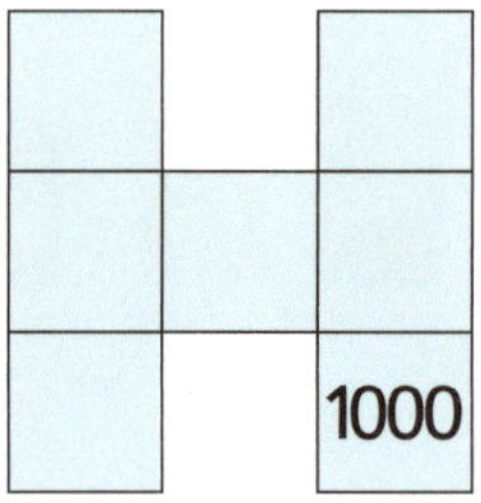

② Bilde mit den Ziffern alle möglichen dreistelligen Zahlen.

2, 6, 8: ______________________

4, 5, 3: ______________________

③ Setze die Zahlenfolgen fort.

④

a)

1000	
900	
	700
650	
	250

b)

900	
	400
100	
630	
	160

c)

500	
250	
	170
480	
	390

⑤ Zahlenrätsel

Die Zahl hat 4 Einer, doppelt so viele Hunderter und einen Zehner.

Die Zahl heißt ______.

Die Zahl hat 2 Hunderter, halb so viele Zehner und 5 Einer.

Die Zahl heißt ______.

Die Zahl hat 3 Zehner und 6 Hunderter.

Die Zahl heißt ______.

Symmetrieachsen entdecken

1 Sind alle Linien auch Symmetrieachsen?

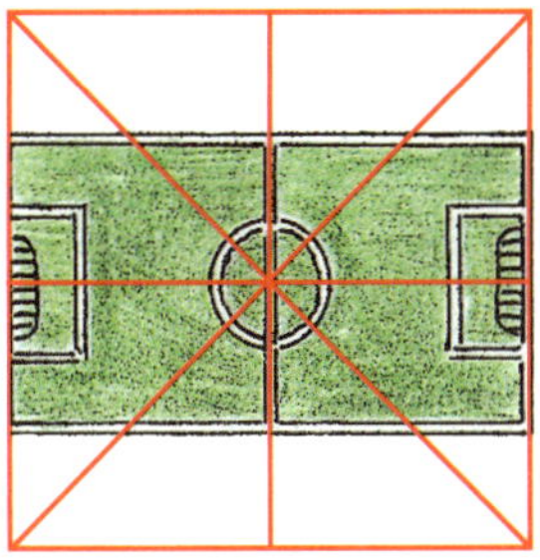
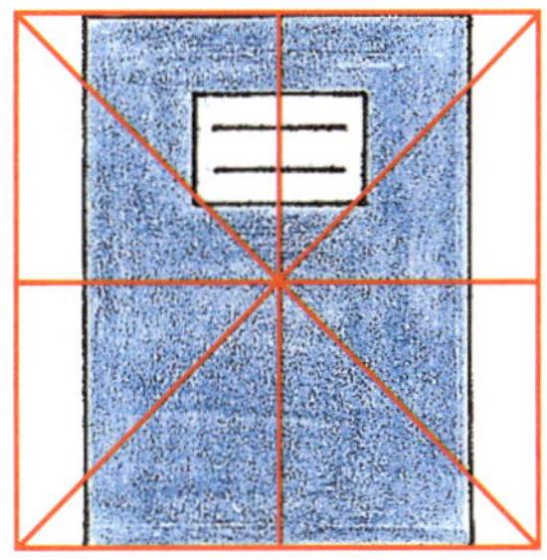
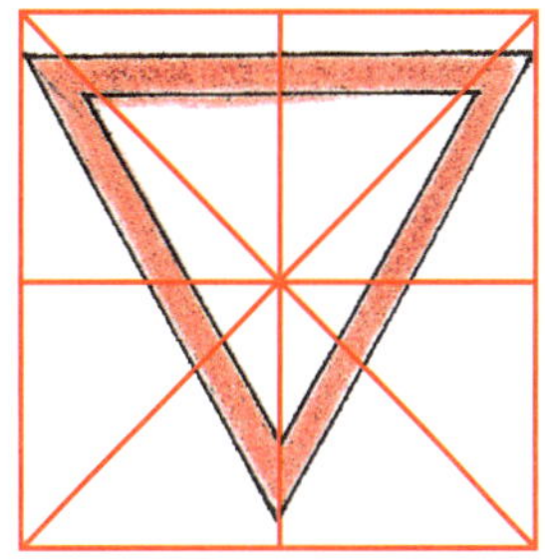

Überprüfe mit dem Zauberspiegel. Zeichne die Linien nach, die Symmetrieachsen sind.

2 Welche Figuren sind symmetrisch? Überprüfe. Kreuze an. ✗

A

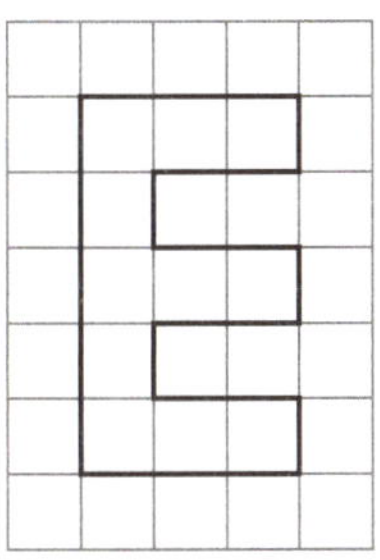

B

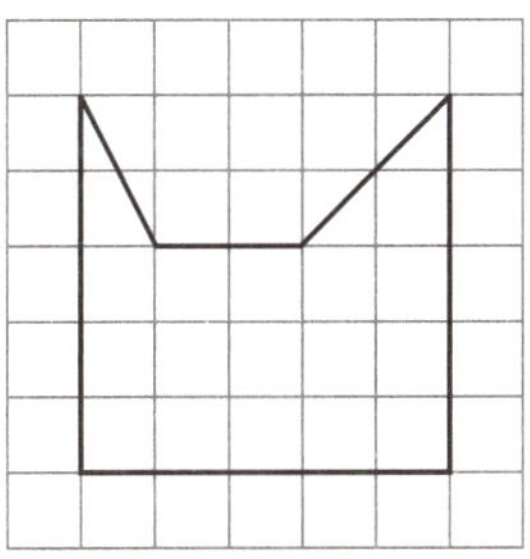

C

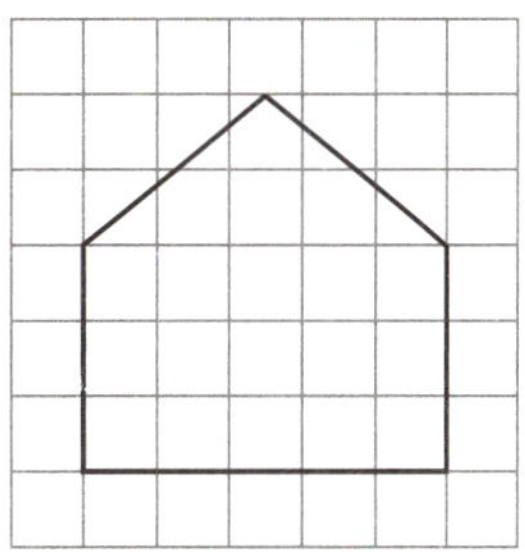

D

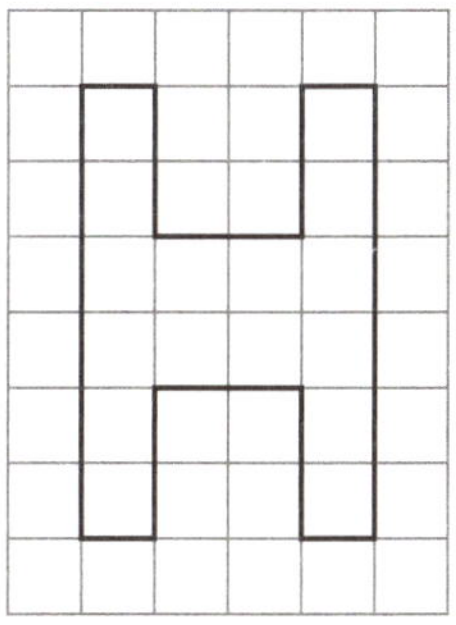

E

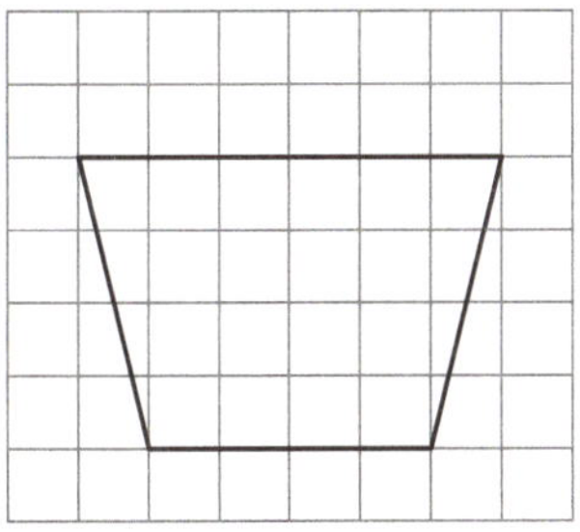

F

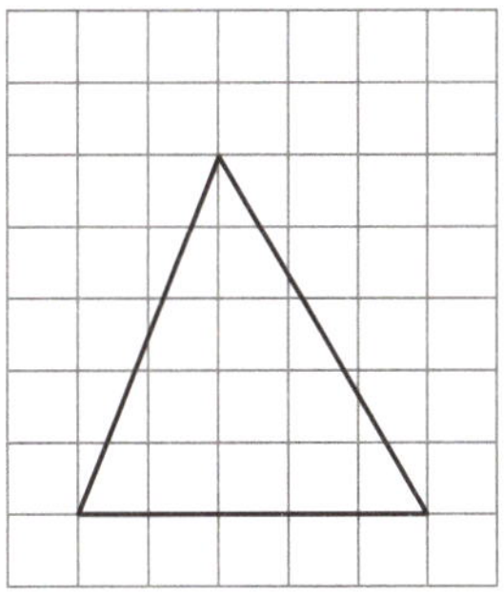

G

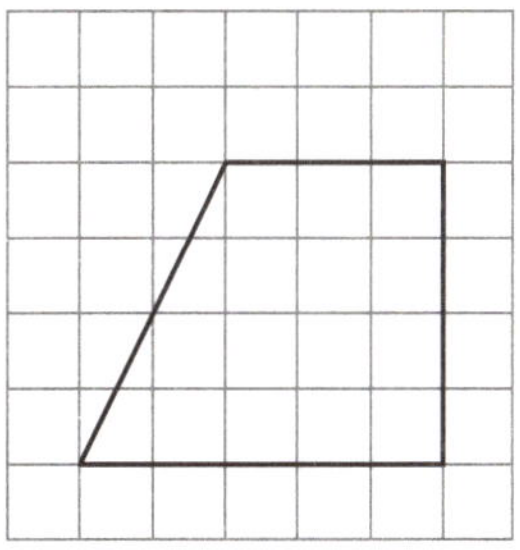

H

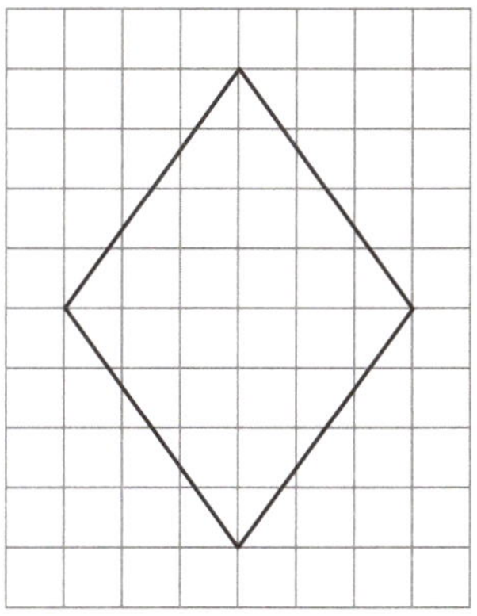

A

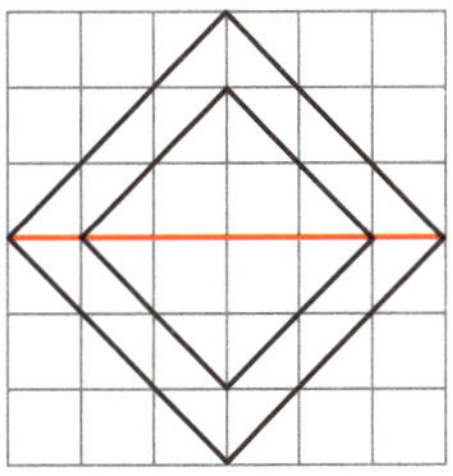

B

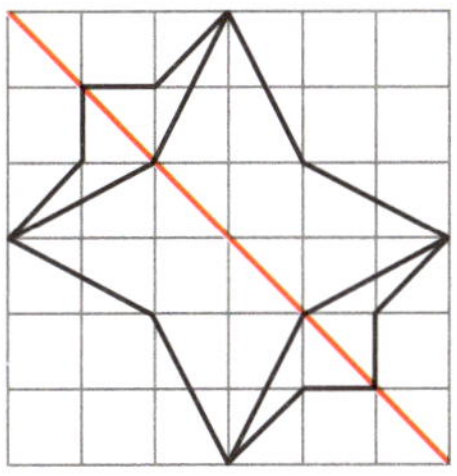

C

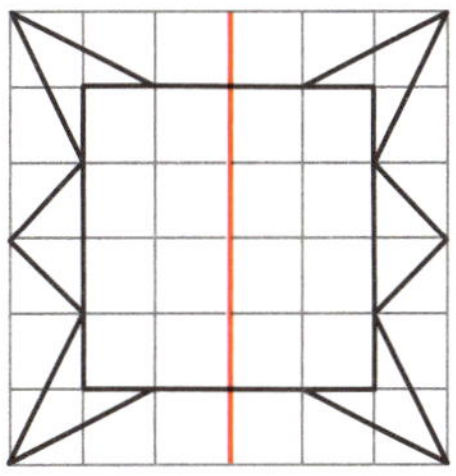

Figur A hat ____ Symmetrieachsen.

Figur B hat ____ Symmetrieachsen.

Figur C hat ____ Symmetrieachsen.

1 Spiegle die Ausgangsfigur. Umrahme das Spiegelbild.

2 Erspiegle die Bilder. Wo muss der Spiegel stehen?
Bei welcher Figur geht es nicht? Kreuze an.

Ausgangsfigur A B C D

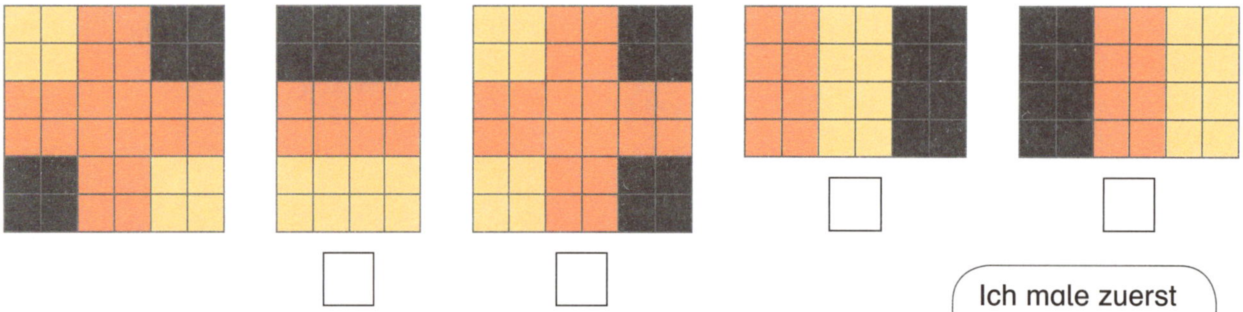

3 Ergänze symmetrisch.

a)

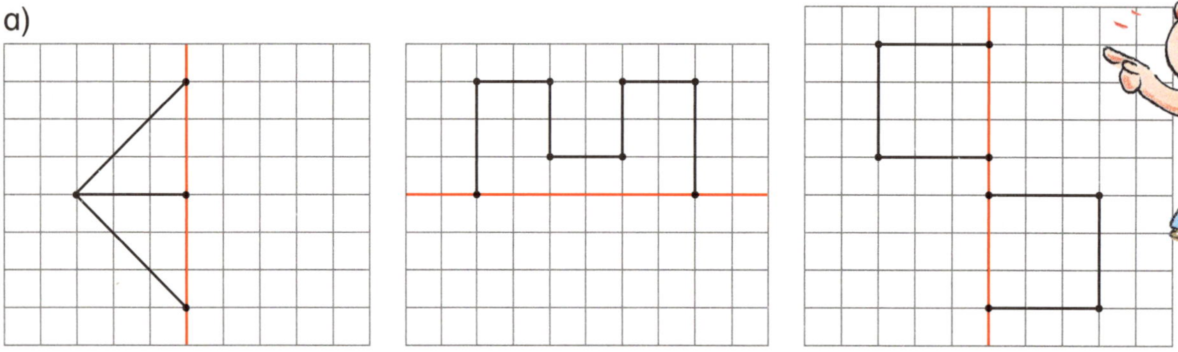

b)

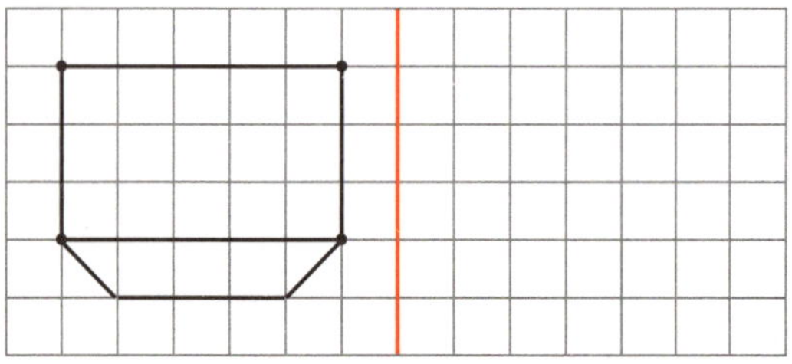

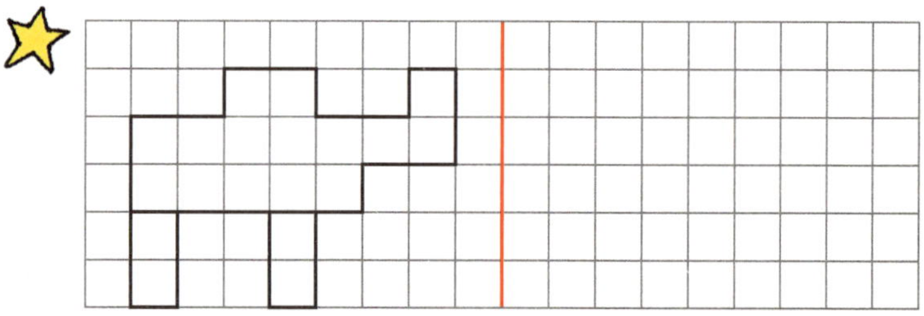

Geld

(1) Wie viel Geld ist es?

____ € ____ € ____ € ____ €

(2) Immer 1000 €
Ergänze den fehlenden Betrag mit möglichst wenig Scheinen.
Schreibe die Rechnung auf.

700 € + ____ € = 1000 €

____ € + ____ € = 1000 €

____ € + ____ € = 1000 €

____ € + ____ € = 1000 €

____ € + ____ € = 1000 €

____ € + ____ € = 1000 €

(3)

1000 €
350 € + ____ €
750 € + ____ €
450 € + ____ €

1000 €
520 € + ____ €
640 € + ____ €
280 € + ____ €

1000 €
125 € + ____ €
845 € + ____ €
905 € + ____ €

(4) a)

Preis	die Hälfte
400 €	____ €
250 €	____ €
620 €	____ €
840 €	____ €

b)

Preis	das Doppelte
130 €	____ €
215 €	____ €
340 €	____ €
450 €	____ €

MB S. 52/53

1 Hunderterfreunde

2 Tausenderfreunde

3 Vorsicht!

a) 50 + 6 = ____
500 + 60 = ____
500 + 6 = ____
500 + 66 = ____

b) 200 + 9 = ____
20 + 9 = ____
200 + 90 = ____
200 + 99 = ____

c) 600 + 22 = ____
600 + 20 = ____
60 + 2 = ____
600 + 2 = ____

4 Setze die Aufgabenreihen fort.

a)

135 + 100 = ____
235 + 200 = ____
335 + 300 = ____
____
____
____

135 + 10 = ____
135 + 20 = ____
135 + 30 = ____
____
____
____

b)

894 – 100 = ____
894 – 200 = ____
894 – 300 = ____
____
____
____

894 – 10 = ____
894 – 20 = ____
894 – 30 = ____
____
____
____

Rechnen mit Zwischenstopp (+)

(1) Der Rechenstrich hilft.

a) 538 + 265 = ______

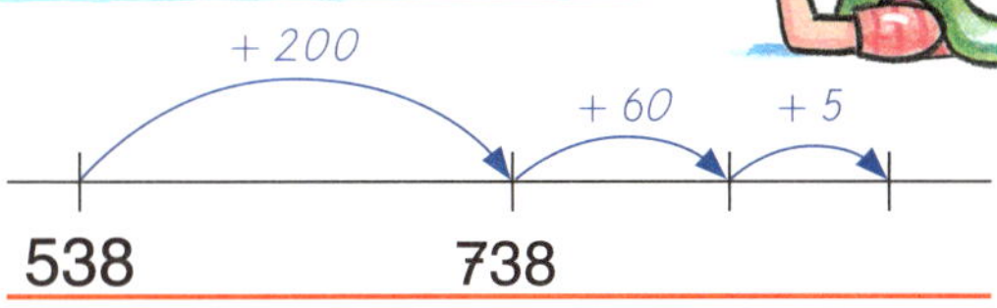

b) 476 + 254 = ______

476

c) 619 + 347 = ______

619

d) 823 + 169 = ______

823

e) 386 + 473 = ______

386

f) 265 + 418 = ______

265

(2) Nahe am vollen Hunderter. Zeichne am Rechenstrich, wie du rechnest.

a) 476 + 499 = ______

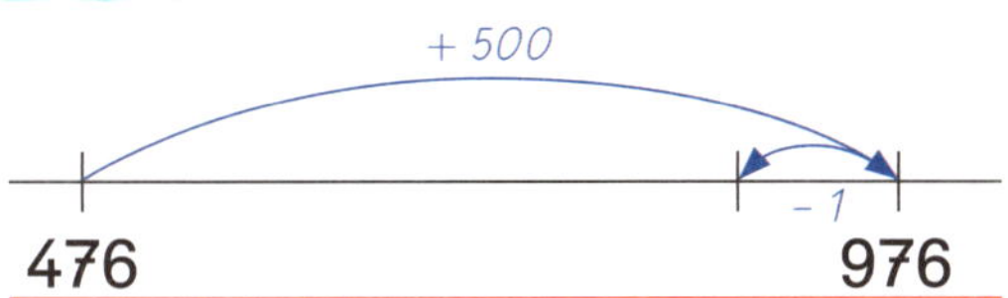

b) 268 + 198 = ______

268

c) 739 + 199 = ______

739

d) 448 + 397 = ______

448

e) 659 + 298 = ______

659

f) 344 + 599 = ______

344

MB S. 56/57

① Der Rechenstrich hilft.

a) 719 – 176 = ____

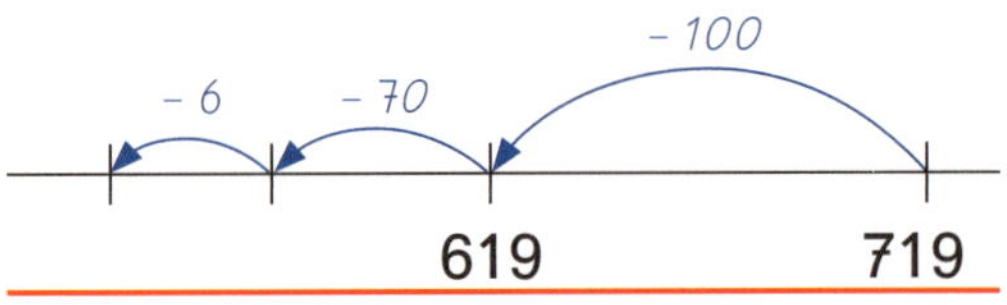

b) 653 – 238 = ____

653

c) 572 – 345 = ____

572

d) 929 – 657 = ____

929

e) 468 – 292 = ____

468

f) 376 – 184 = ____

376

② Nahe am vollen Hunderter. Zeichne am Rechenstrich, wie du rechnest.

a) 476 – 198 = ____

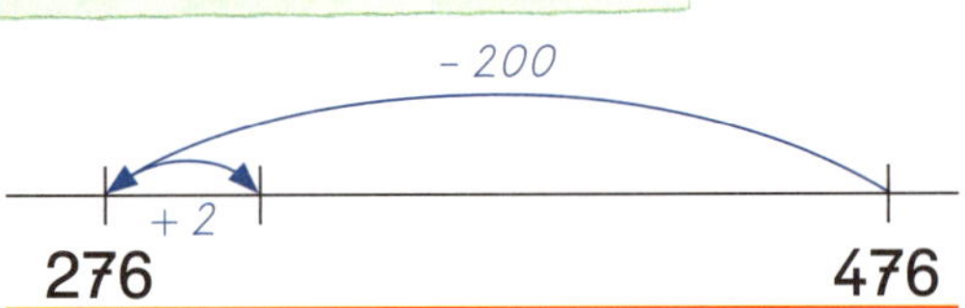

b) 678 – 299 = ____

678

c) 835 – 295 = ____

835

d) 614 – 398 = ____

614

e) 951 – 697 = ____

951

f) 753 – 699 = ____

753

Rechte Winkel/Symmetrische Muster

1 Bestimme mit dem Eckenmesser die rechten Winkel und trage sie ein.
Gestalte das Bild farblich so, dass es symmetrisch ist.

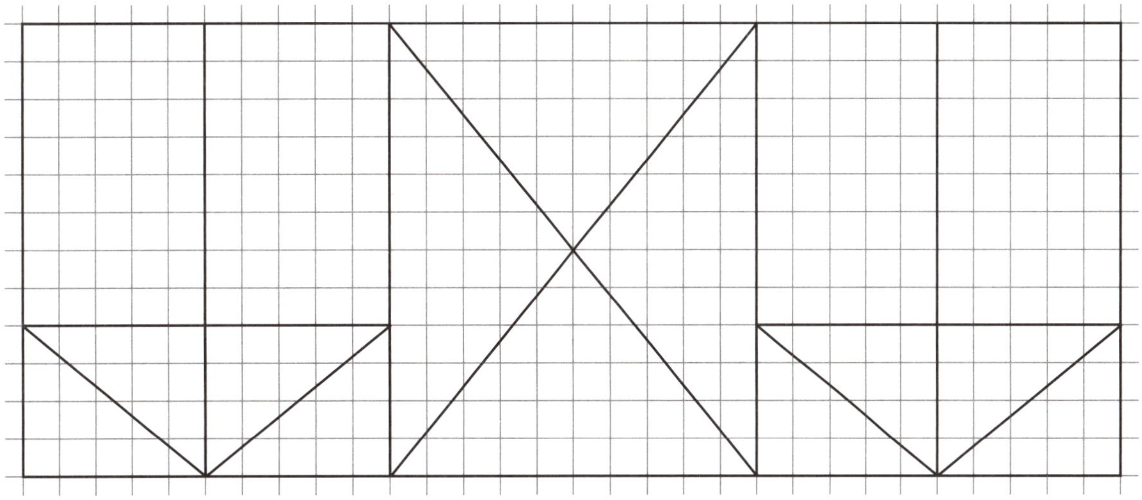

2 Zeichne in die Figuren rechte Winkel ein. Welche Figur hat die meisten?

A B C D

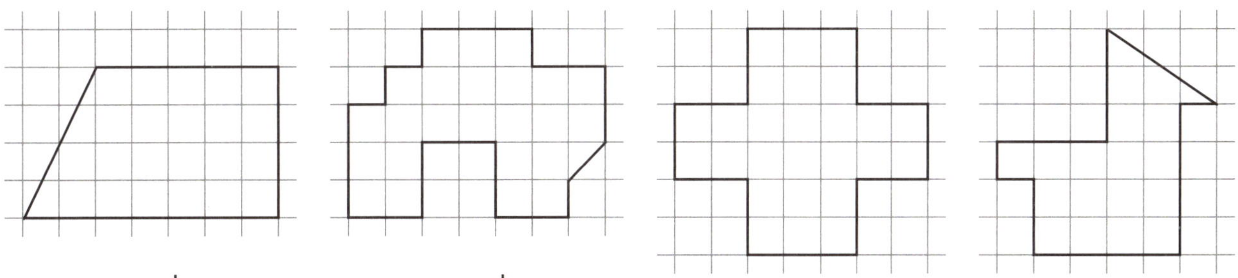

A: ____

B: ____

C: ____

D: ____

Figur ____ hat die meisten rechten Winkel.

3 Symmetrische Figuren. Zeichne fertig.

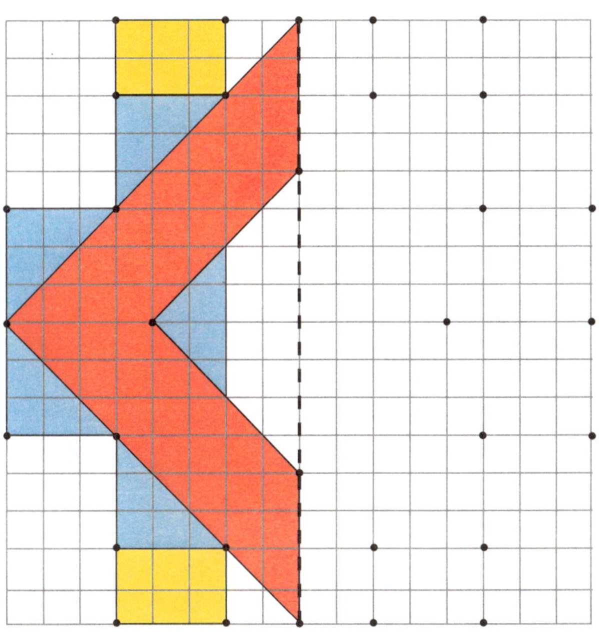

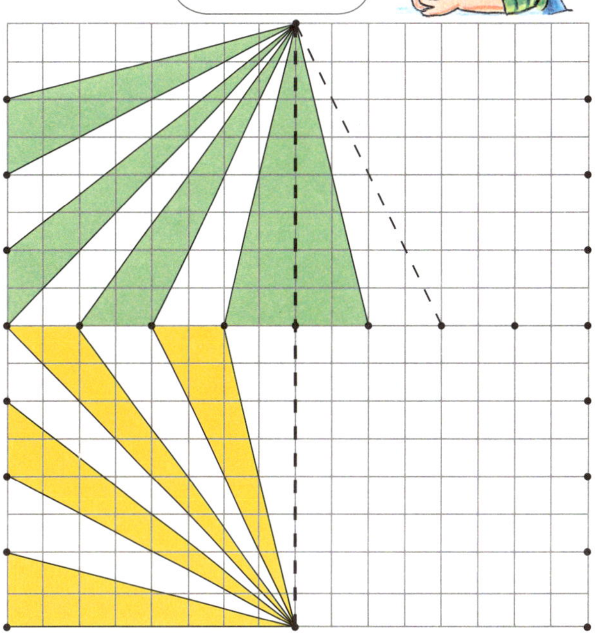

Fläche – Umfang – Symmetrie

Zwei Dreiecke ergeben auch ein Quadrat ⧄!

① Wie groß sind diese Flächen? Miss mit kleinen Quadraten aus.

A

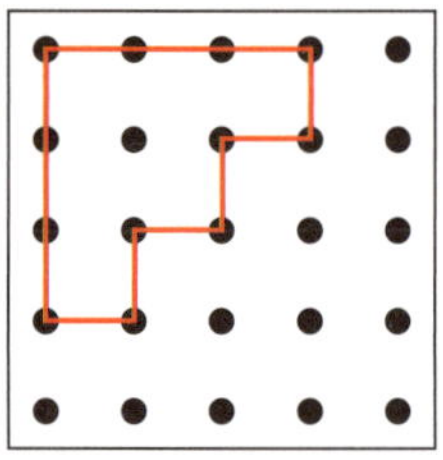

B

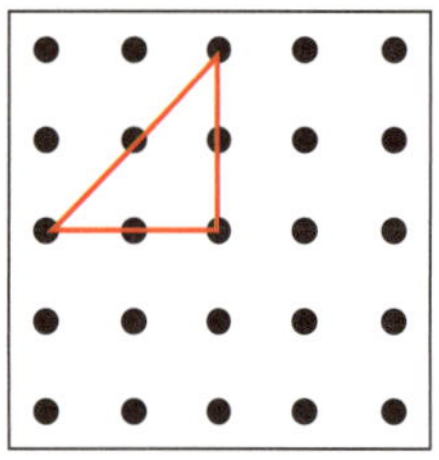

C

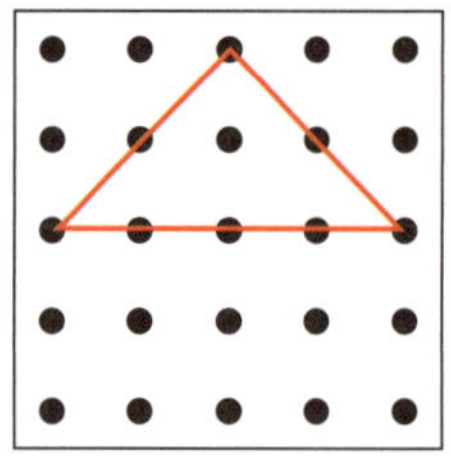

D

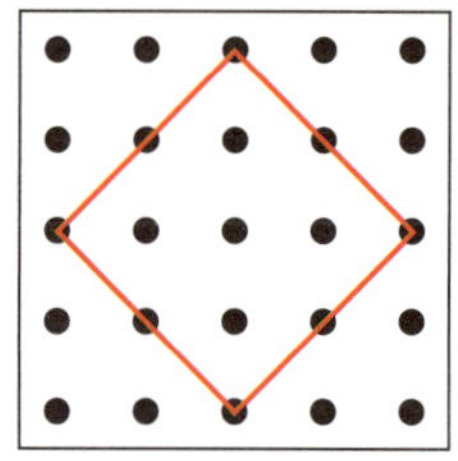

A: ____ □ B: ____ □ C: ____ □ D: ____ □

E

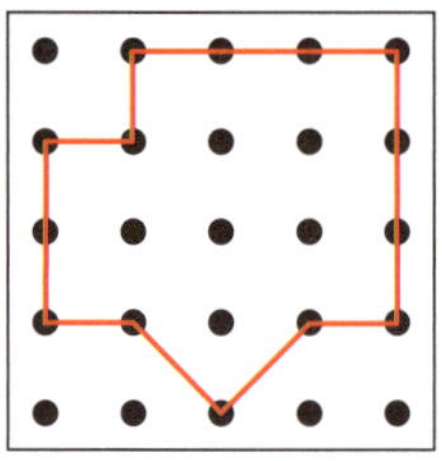

F

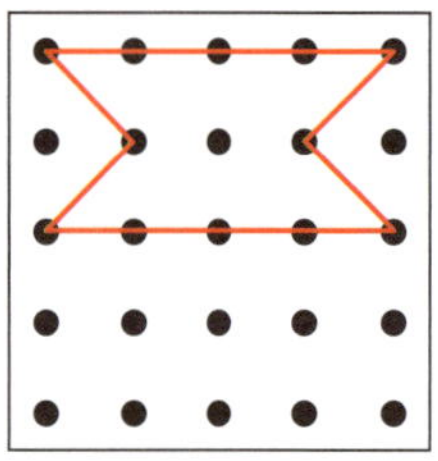

G

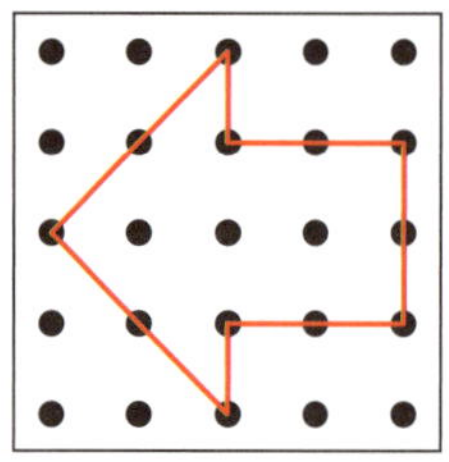

H

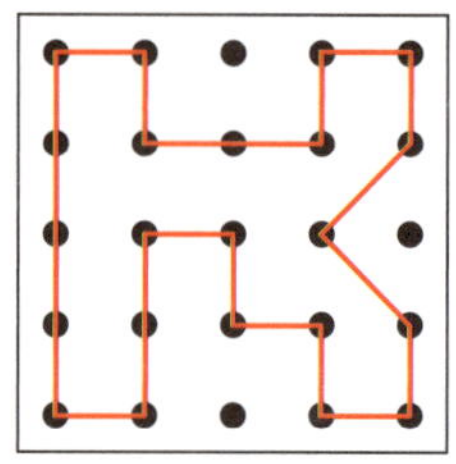

E: ____ □ F: ____ □ G: ____ □ H: ____ □

Die größte Fläche hat Figur ____.

Den Umfang kann man durch die Anzahl der Kästchenlängen (KL) bestimmen.

② Welche Figur hat den kleinsten Umfang?

Ich vermute. Es ist Figur ____.

A

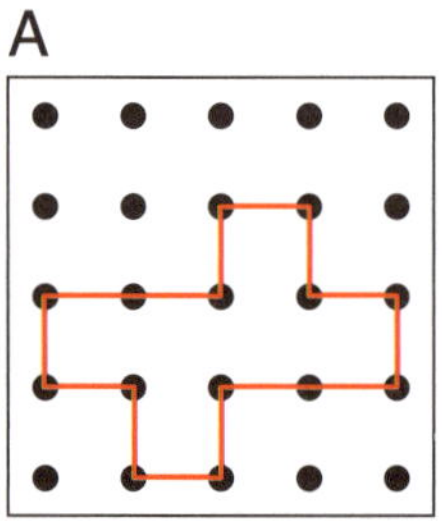

B

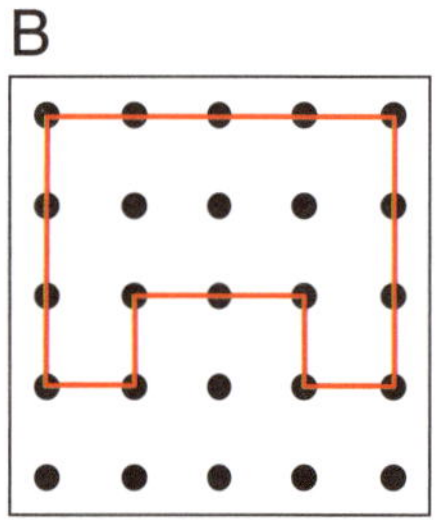

C

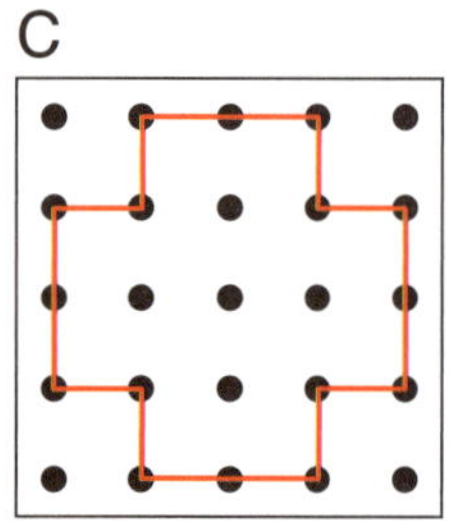

D

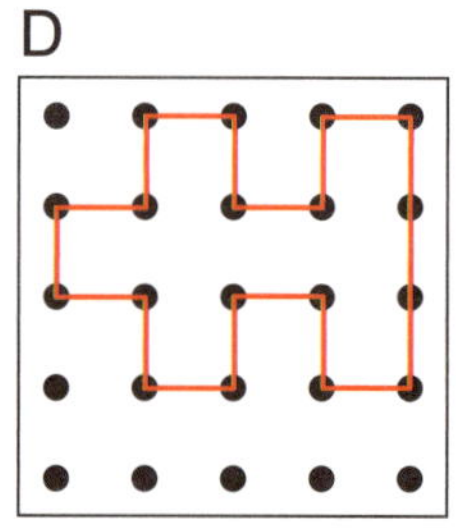

A: ____ KL B: ____ KL C: ____ KL D: ____ KL

Ich habe es überprüft. Es ist Figur ____.

③ Ergänze symmetrisch.

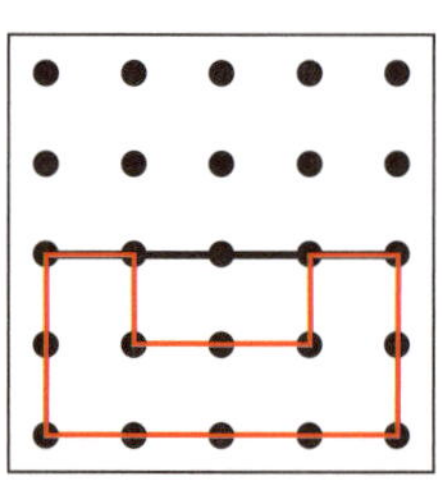

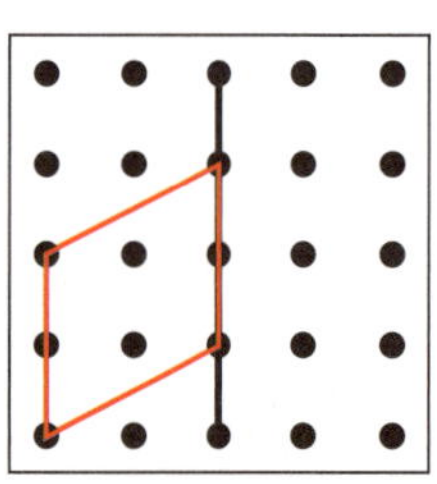

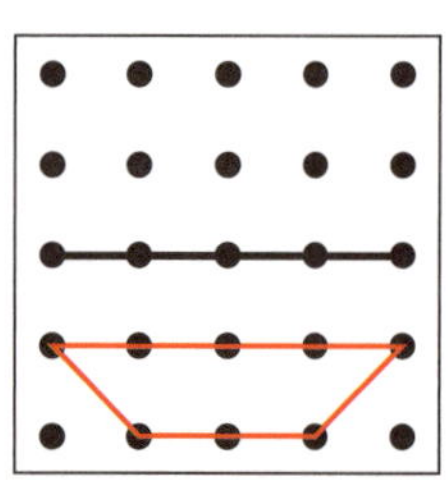

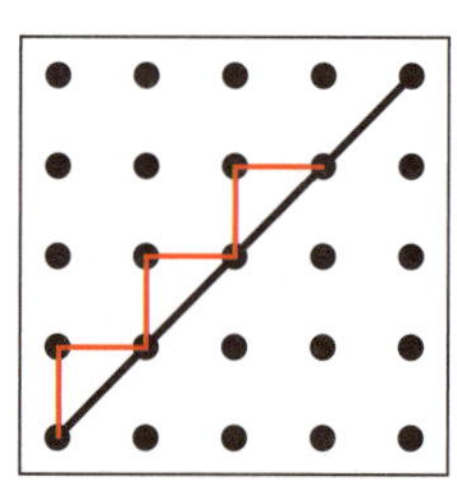

Rechentricks und Zahlenspezialitäten

1 Zeichne und rechne.

a)

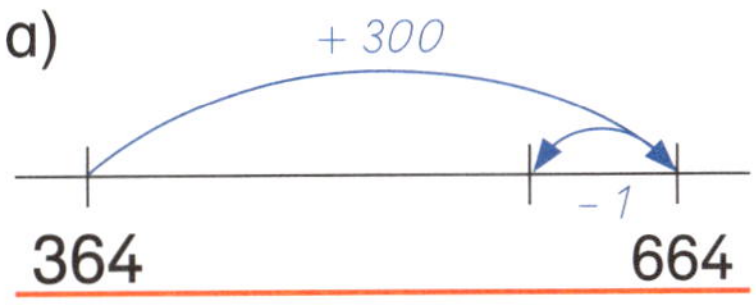

364 + 299 = ____	678 + 197 = ____	452 + 490 = ____

b)

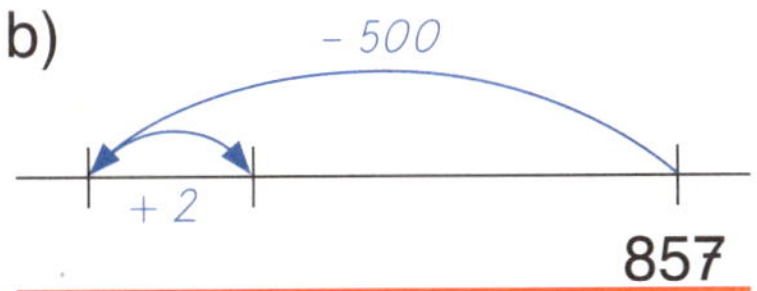

857 – 498 = ____	525 – 96 = ____	711 – 597 = ____

2 Welcher Ballon gehört zu welchem Korb?

3 Finde die 5 Fehler.

a) 597 + 354 = 951 ✓

236 + 399 = ~~535~~ 635

618 + 196 = 813 ____

475 + 290 = 765 ____

342 + 399 = 641 ____

b) 336 – 198 = 138 ____

728 – 95 = 633 ____

473 – 297 = 276 ____

982 – 499 = 484 ____

865 – 299 = 566 ____

☆ ① Berechne jeweils die erste Mauer. Erhöhe die Grundsteine gleichmäßig, so dass du den Zielstein erreichst.

a)

b)

c)

☆ ② Jede Frucht steht für eine Ziffer. Rechne aus.

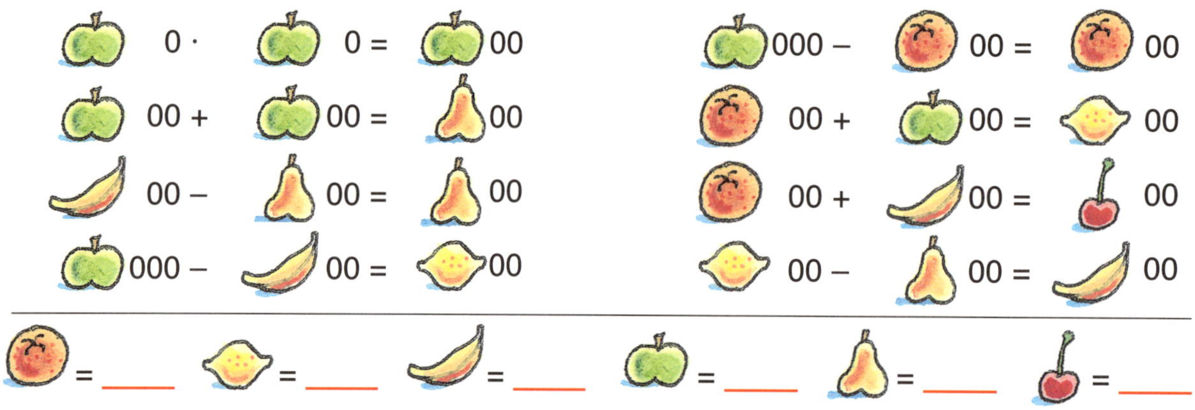

☆ ③ Welcher Schlüssel passt zu welcher Schatztruhe? Verbinde.

Meter und Zentimeter

1 Schreibe mit Komma.

3 m 25 cm = 3,25 m   8 m 4 cm = ______   904 cm = ______

6 m 71 cm = ______   4 m 6 cm = ______   370 cm = ______

7 m 20 cm = ______   5 m 9 cm = ______   821 cm = ______

2 Schreibe in cm.

4 m 61 cm = 461 cm   4,50 m = ______   7,03 m = ______

3 m 88 cm = ______   5,12 m = ______   4,70 m = ______

2 m 8 cm = ______   8,19 m = ______   8,21 m = ______

3 Immer 3 Angaben gehören zusammen. Färbe sie gleich.

6 m 12 cm | 6 m 2 cm | 6,12 m | 600 cm | 6,20 m

6 m | 620 cm | 612 cm | 6,00 m

6 m 20 cm | 6,02 m | 602 cm

4 Welche Zeichnung passt zu welcher Geschichte?
Schreibe den passenden Buchstaben dazu. Rechne und antworte.

☐ ☐ ☐ ☐

a) Claudia ist 1,27 m groß. Sie ist 34 cm größer als ihr Bruder Mark. Wie groß ist Mark?

R: ______

A: ______

b) Tatjana und ihre Puppe sind zusammen so groß wie Mama. Tatjana ist 1,28 m, die Puppe ist 44 cm groß. Wie groß ist Mama?

R: ______

A: ______

c) Tanja und ihre Schwester sind zusammen so groß wie Vater. Tanja ist 1,10 m und ihr Vater 1,87 m groß. Wie groß ist Tanjas Schwester?

R: ______

A: ______

d) Anja ist 1,27 m groß, 34 cm kleiner als ihr Bruder Tobias. Wie groß ist Tobias?

R: ______

A: ______

MB S. 68/69

1 Miss genau.

a) Welcher rote Strich ist länger?

____ cm ____ mm

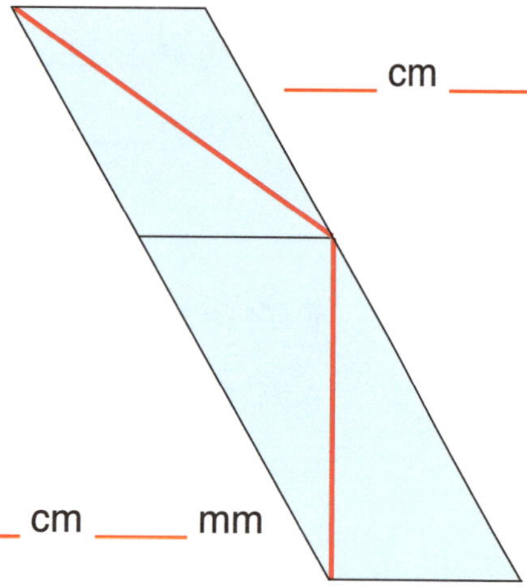

____ cm ____ mm

b) Ist das Kreuz näher an der Spitze oder näher am unteren Rand?

____ cm ____ mm

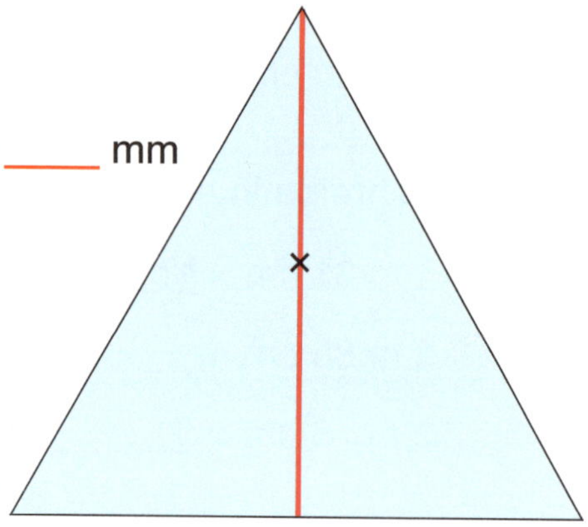

____ cm ____ mm

2 Zentimeter und Millimeter: Lies ab, verbinde und trage ein.

8 mm | 3 cm 6 mm | 81 mm | 10 cm 8 mm | 16 cm 5 mm

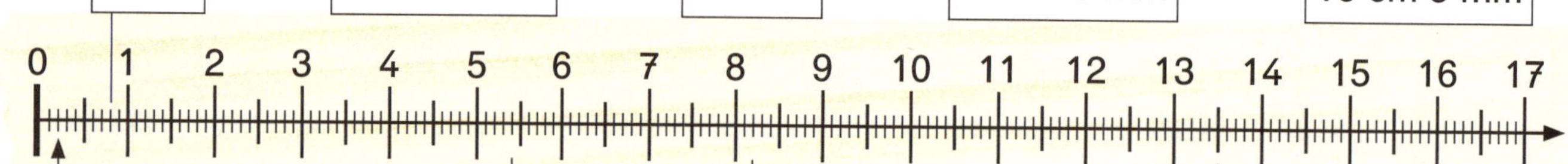

2 mm | ____ mm | ____ cm ____ mm | ____ mm | ____ cm ____ mm

3 Zeichne die Strecken.

a)

18 mm
20 mm
13 mm
32 mm

b)

2 cm 3 mm
5 cm 1 mm
3 cm 5 mm
4 cm 4 mm

4 Wandle um.

a) 4 cm 3 mm = ____ mm

11 cm 9 mm = ____ mm

7 cm 3 mm = ____ mm

b) 93 mm = ____ cm ____ mm

100 mm = ____ cm ____ mm

55 mm = ____ cm ____ mm

5 Wie hoch sind die Gebäude? Miss genau.

____ ____ ____ ____ ____

Bist du fit? ② – Teil 1

① Fünfhunderterfreunde

② Beginne immer mit der leichten Aufgabe.

a) 353 + 300 = ____
353 + 298 = ____
353 + 304 = ____

b) 676 + 205 = ____
676 + 200 = ____
676 + 199 = ____

c) 983 – 200 = ____
983 – 197 = ____
983 – 204 = ____

③ Schau genau!

a) 800 – 796 = ____
500 – 499 = ____
900 – 895 = ____
600 – 597 = ____

b) 700 – 699 = ____
700 – 698 = ____
700 – 696 = ____
700 – 694 = ____

c) 465 – 462 = ____
827 – 820 = ____
678 – 675 = ____
536 – 506 = ____

④ Rechnen mit Zwischenstopp

a) 624 + 287 = ____

356 + 469 = ____

b) 982 – 346 = ____

763 – 539 = ____

c) 456 – 398 = ____

843 – 599 = ____

MB S. 70/71

① Ergänze symmetrisch.

a)

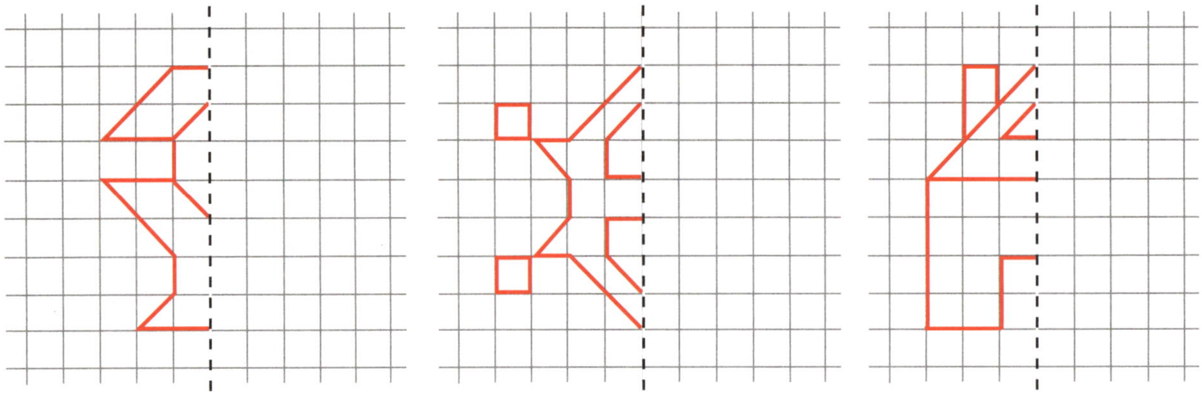

b)

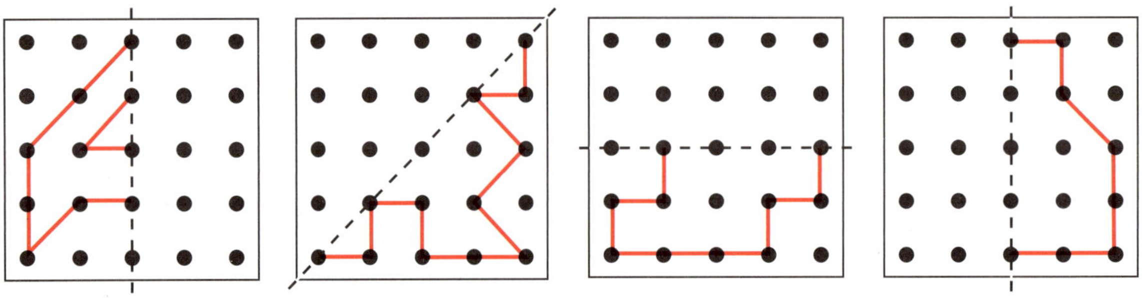

② Immer 500 €:
Ergänze den fehlenden Betrag mit möglichst wenig Scheinen. Schreibe die Rechnung auf.

50 € + ____ € = 500 €

250 € + ____ € = 500 €

20 € + ____ € = 500 €

③ Schreibe Rechnung und Antwort auf.

a) Tom ist 1,19 m groß.
Er ist 13 cm kleiner als Mark.

R: ____________________

A: ____________________

b) Lena und ihre Schwester sind zusammen so groß wie Papa. Lena ist 1,05 m groß, ihre Schwester 83 cm.

R: ____________________

A: ____________________

c) Mia ist 1,34 m groß. Tilly ist 15 cm größer als Mia. Rita ist 9 cm kleiner als Mia.

R: ____________________

____

A: ____________________

d) Peter ist 7 cm kleiner als Paul.
Paul ist 9 cm kleiner als Thomas.
Thomas ist 1,43 m groß.

R: ____________________

____

A: ____________________

Glücksräder

1 Male die Glücksräder aus:

wahrscheinlich gelb	unmöglich blau	sicher rot	unwahrscheinlich grün

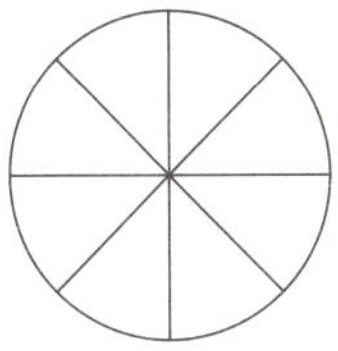 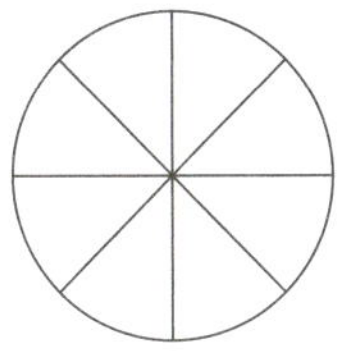 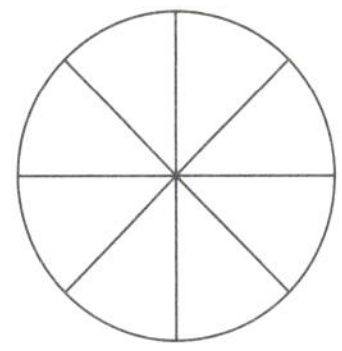 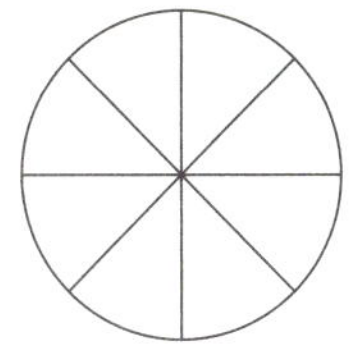

2 Bei welchen Glücksrädern haben beide Spieler gleiche Gewinnchancen? Kreuze an.

a) Spieler 1: rot

Spieler 2: blau

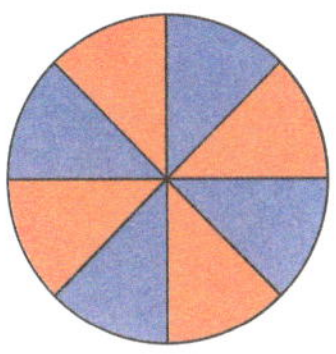 ☐ 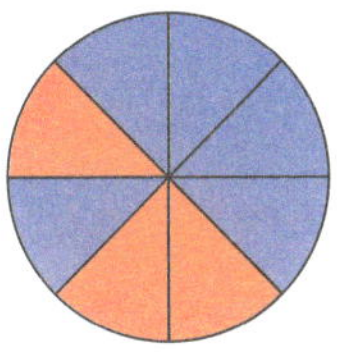 ☐ 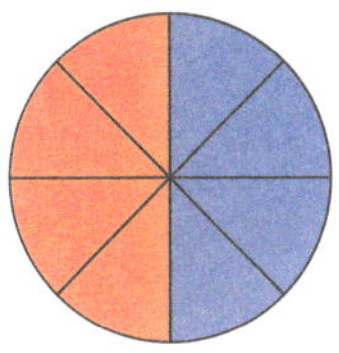 ☐ 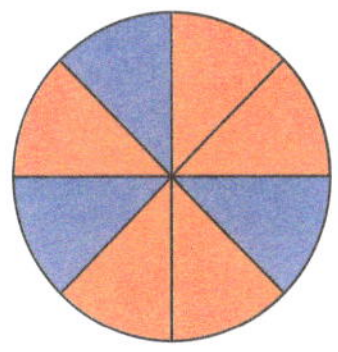 ☐ 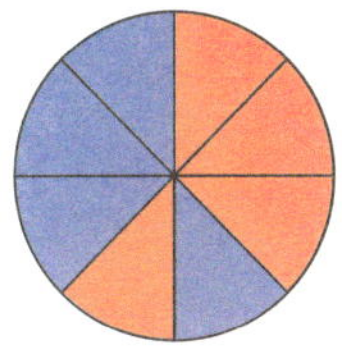 ☐

★ b) Spieler 1: ungerade Zahl

Spieler 2: Zahl durch 3 teilbar

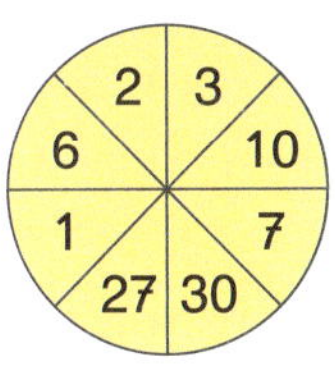

☐

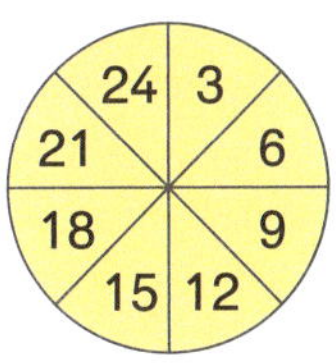

☐

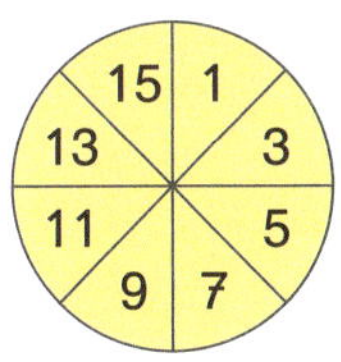

☐

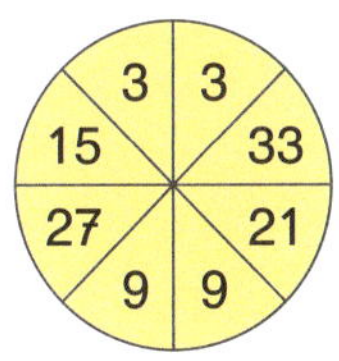

☐

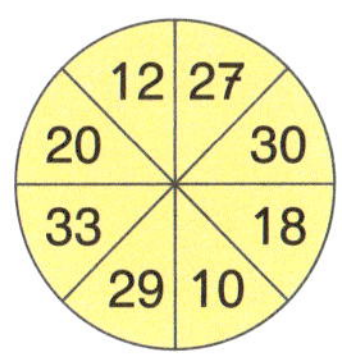

☐

3 Kreuze richtige Aussagen an. Es kommt …

a) 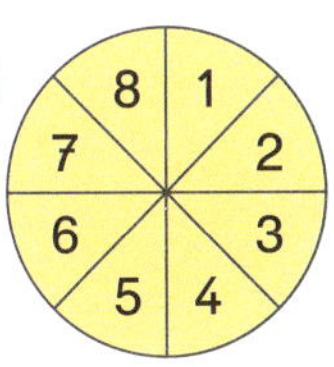

☐ wahrscheinlich eine Zahl größer als 2.
☐ sicher eine gerade Zahl.
☐ unmöglich eine Zahl, die durch 9 teilbar ist.

b) 

☐ wahrscheinlich eine einstellige Zahl.
☐ unwahrscheinlich eine Zahl, die durch 7 teilbar ist.
☐ unmöglich eine Zahl, die durch 9 teilbar ist.

MB S. 74/75

(1) Wie gehören die Zahlen zusammen? Verbinde.

ca. 200	über 800	etwa 60	über 700
rund 700	etwa 350	über 70	ca. 400

697	839	186	59	407	723	342	72

(2) a) So hoch wachsen Bäume. Zeichne ein Schaubild.

Eibe	ca. 15 m
Eiche	ca. 20 m
Feldahorn	ca. 10 m
Fichte	ca. 30 m
Hasel	ca. 15 m

Kastanie	ca. 25 m
Kiefer	ca. 35 m
Tanne	ca. 40 m
Redwood-Baum (Amerika)	ca. 110 m
Sequoia-Baum (Amerika)	ca. 95 m

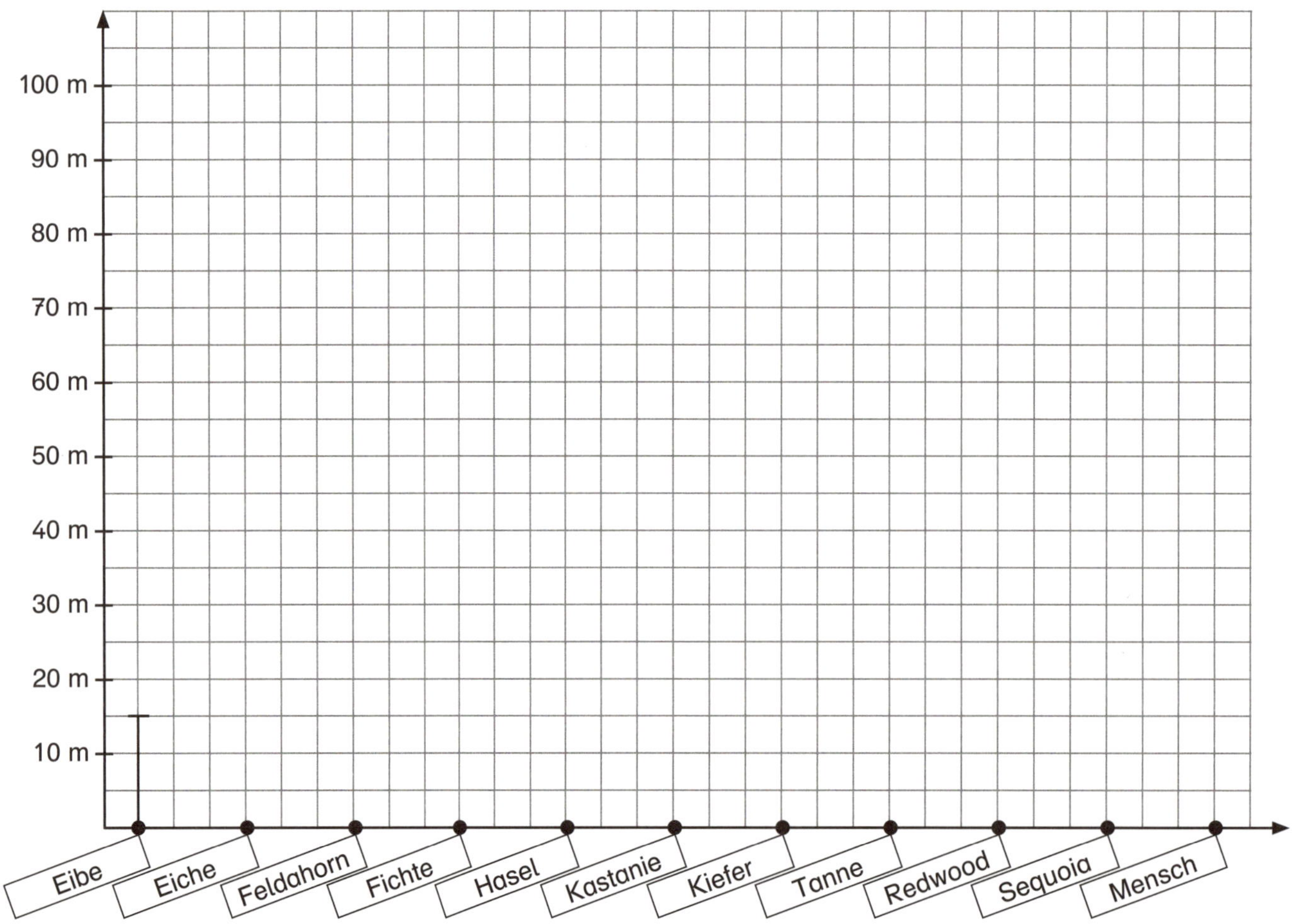

b) Wie groß ist in deinem Schaubild ein Mensch? Zeichne ein.

Schriftlich addieren

1 Umfahre alle Aufgaben mit Übertrag. Rechne alle Aufgaben.

229	146	535	453	762	339
+ 537	+ 821	+ 356	+ 237	+ 234	+ 446

365	682	181	623	118	451
+ 427	+ 317	+ 593	+ 294	+ 461	+ 285

2 Rechne nur die Aufgaben mit Übertrag.

244	444	318	612	764	565
+ 638	+ 575	+ 291	+ 343	+ 138	+ 273

252	133	212	425	112	718
414	244	134	216	465	133
+ 162	+ 352	+ 521	+ 143	+ 371	+ 67

3 Male die Sternchen in der passenden Schilderfarbe aus.
Schreibe stellengerecht untereinander und rechne.

Übertrag an der Zehnerstelle

Übertrag an der Einerstelle

Kein Übertrag

Übertrag an der Zehner- und Einerstelle

☆ 256 + 77 ☆ 625 + 268 ☆ 272 + 462

☆ 344 + 55 ☆ 176 + 587 ☆ 329 + 67

MB S. 78/79

1 Suche in jeder Aufgabe den Fehler. Verbinde mit der passenden Lupe. Rechne die Aufgaben neu.

	3	7	2
+	4	8	5
	1		
	8	6	7

	4	2	6
+	5	3	
	9	5	6

	4	1	
+	4	2	2
	8	3	2

	6	8	1
+	2	7	4
	8	5	5

	3	2	7
+	3	6	8
		1	
	6	9	6

	5	4	
+	3	2	7
	8	6	7

2 Schriftlich oder im Kopf?

333 + 333 = ______ 598 + 236 = ______ 235 + 698 = ______

446 + 330 = ______ 265 + 457 = ______ 557 + 166 = ______

384 + 267 = ______ 444 + 444 = ______ 412 + 252 = ______

3 Rechne nur die Aufgaben, deren Ergebnisse …

a) zwischen 400 und 500 liegen,

	2	2	8
+	2	5	6

	3	8	4
+	2	9	2

	3	4	2
+		8	9

	1	7	9
+	2	5	6

		9	4
+	3	1	2

	1	6	5
+	2	7	8

b) zwischen 700 und 800 liegen.

	4	4	6
+	2	9	7

	5	1	3
+	1	8	8

	2	8	6
+	4	6	7

	3	7	4
+	2	8	5

	1	6	2
+	5	9	6

	2	0	3
+	5	9	9

Übung macht den Meister +

1 Zielzahlen errechnen

a) Zielzahl 500

	2	3	8
+			
	5	0	0

	3	6	5
+			
	5	0	0

	4	1	8
+			
	5	0	0

b) Zielzahl 808

	3	4	7
+			
	8	0	8

	5	7	4
+			
	8	0	8

	2	0	5
+			
	8	0	8

2 Klecksaufgaben

a)

	3	5	6
+	?	?	7
	6	4	3

	6	6	?
+	3	?	9
	9	8	4

	1	?	7
+	4	9	?
	6	5	2

		9	?
+	3	?	6
	4	8	3

	5	?	6
+	?	9	?
	9	3	4

	?	2	?
+	4	?	1
	7	9	0

b)

	6	?	?
+	3	7	4
	9	9	7

	4	?	2
+	3	8	?
	7	9	2

	2	6	?
+	5	?	5
	8	5	2

	?	1	5
+	2	?	8
	6	5	3

	2	?	8
+	?	6	?
	5	4	3

	?	1	?
+	4	?	9
	7	0	2

3 Ziffernkarten: 2 3 4 5 6 7

★ Bilde mit den Ziffernkarten zwei dreistellige Zahlen, so dass du diese Ergebnisse erhältst. Verwende immer alle Ziffernkarten.

das größte Ergebnis	das kleinste Ergebnis	im Ergebnis eine 9 an der E-Stelle	im Ergebnis eine 2 an der Z-Stelle	im Ergebnis eine 3 an der E- und eine 9 an der Z-Stelle
+ ___ = ___	+ ___ = ___	+ ___ = _ _ 9	+ ___ = _ 2 _	+ ___ = _ 9 3

H-Stelle: 9 E-Stelle: 8	Z-Stelle: 2 E-Stelle: 1	H-Stelle: 8 Z-Stelle: 1	Ergebnis 900	Ergebnis 999
+ ___ = 9 _ 8	+ ___ = _ 2 1	+ ___ = 8 1 _	+ ___ = 9 0 0	+ ___ = 9 9 9

① Florian, Stefan, Sarah, Andreas und Sabine treffen sich im Schwimmbad.
Florian ist 2 Jahre jünger als Stefan, aber ein Jahr älter als der neunjährige Andreas.
Sabine ist 1 Jahr jünger als Stefan, aber 3 Jahre älter als Sarah.
Wie alt sind die Kinder?

Florian: ______ Jahre   Stefan: ______ Jahre   Sarah: ______ Jahre

Andreas: ______ Jahre   Sabine: ______ Jahre

② Markus und Simone haben Kirschen gegessen. Markus hat 6 mehr gegessen als Simone. Insgesamt waren es 24 Kirschen.
Wie viele Kirschen hat jeder gegessen?

Antwort: ______________________________

③ Zähle immer 2 gerade Zahlen zusammen, deren Ergebnis 12 ist.
Wie viele Möglichkeiten findest du? Schreibe auf.

Antwort: ______________________________

④ Zahlenrätsel

Umkehraufgaben helfen!
Aufgabe
+ 28
↓
Umkehraufgabe
− 28
↑

a) Ich teile meine Zahl durch 8, nehme das Ergebnis mit 9 mal, zähle 28 dazu und erhalte 100.

[ ] → : 8 → · 9 → + 28 → 100

[ ] ← ( ) ← ( ) ← − 28 ← 100

b) Wenn ich zu meiner Zahl 75 dazuzähle, vom Ergebnis 180 abziehe und dann durch 4 teile, erhalte ich 5.

[ ] → ( ) → ( ) → ( ) → [ ]

[ ] ← ( ) ← ( ) ← ( ) ← [ ]

c) Ich denke mir eine Zahl, nehme sie mit 10 mal, teile durch 2, zähle zum Ergebnis 98 dazu und erhalte 248.

[ ] → ( ) → ( ) → ( ) → [ ]

[ ] ← ( ) ← ( ) ← ( ) ← [ ]

Schriftlich subtrahieren

1 Umfahre die Aufgaben, bei denen du wechseln musst.
Rechne alle Aufgaben.

625 − 172	926 − 413	867 − 49	318 − 206	746 − 328
625 − 473	394 − 173	539 − 394	886 − 374	968 − 598

2 Rechne nur die Aufgaben, bei denen du wechseln musst.

438 − 251	372 − 191	874 − 663	748 − 491	624 − 353
623 − 317	528 − 165	712 − 441	656 − 245	915 − 744

3 Male die Sternchen in der passenden Schilderfarbe aus.
Schreibe stellengerecht untereinander und rechne.

Zehner in Einer wechseln.

Hunderter in Zehner wechseln.

Nicht wechseln.

Hunderter in Zehner und Zehner in Einer wechseln.

377 − 293	864 − 39	434 − 333
676 − 89	938 − 319	426 − 63

Rechnen mit Nullen ⊖

MB S. 84/85

1 Rechne.

607 − 372	709 − 453	690 − 438	528 − 306	430 − 288
870 − 334	408 − 243	660 − 417	707 − 521	550 − 167
930 − 642	606 − 426	770 − 528	506 − 428	440 − 151

2 Schriftlich oder im Kopf?

502 – 497 = ______	401 – 375 = ______	570 – 103 = ______
604 – 290 = ______	1000 – 421 = ______	600 – 246 = ______
801 – 71 = ______	808 – 455 = ______	905 – 425 = ______

3 Suche in jeder Aufgabe den Fehler. Verbinde mit der passenden Lupe.

456 − 275 281	(5 10 10) ~~6~~ ~~0~~ 4 − 368 246	(10) 307 − 126 281

703 − 236 939	(3 10) 4 ~~4~~ 0 − 178 362	519 − 278 797

Übung macht den Meister −

1 Witzige Ergebnisse

777 − 543	856 − 178	988 − 532	412 − 289	663 − 96	864 − 519

2 Rechne nur die 4 Aufgaben, deren Ergebnis zwischen 500 und 600 liegt.

947 − 381	713 − 137	881 − 295	644 − 281	789 − 245	887 − 176

3 Klecksaufgaben

54● − 2●3 = 278	924 − 7●● = 162	●37 − 3●1 = 156	42● − 2●0 = 162	2●3 − 16● = 86	6●● − 186 = 434
●●● − 667 = 286	4●9 − ●7● = 144	8●5 − ●5● = 195	●●1 − 57● = 156	64● − ●●4 = 369	318 − ●●● = 231

4 Rechnen mit besonderen Zahlen

212 − 121	323 − 232	313 − 131	535 − 353	858 − 585	969 − 696

Erkennst du, wie die Zahlen aufgebaut sind? Bilde weitere Aufgaben.

Betrachte die Ergebnisse. Was fällt dir auf?

MB S. 88/89

1. Wie heißen diese Körper? Trage den richtigen Buchstaben ein.

ⓐ Kegel ⓑ Kugel ⓒ Würfel ⓓ Quader ⓔ Pyramide ⓕ Zylinder

___ ___ ___ ___ ___ ___

2. Simsala hat jeden Körper dreimal in Sand gedrückt. Ordne zu.

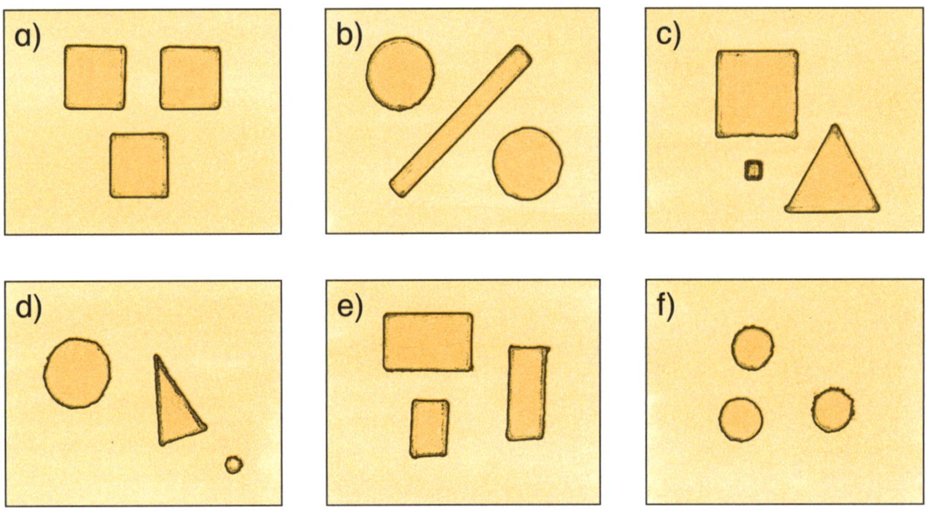

- [ ] Quader
- [ ] Kegel
- [a] Würfel
- [ ] Zylinder
- [ ] Kugel
- [ ] Pyramide

3. Welcher Körper ist das? Schreibe auf.

a) Der Körper hat keine Kanten und Ecken.
___

b) Die 6 Flächen des Körpers sind gleich große Quadrate. Der Körper hat 12 Kanten und 8 Ecken.
___

c) Der Körper hat 3 Flächen, 2 davon sind Kreise. Der Körper sieht aus wie eine Walze.
___

d) Viele Schachteln sehen so aus. Der Körper hat 6 Flächen, die aber nicht alle gleich groß sind. Er hat 12 Kanten und 8 Ecken.
___

4. Welche Körperformen würdest du verwenden?

a) zum Fußballspielen ___
b) zum Bau einer Mauer ___
c) als Zauberhut ___
d) zum Ausrollen von Teig ___

MB S. 90/91

Der Würfel – ein besonderer geometrischer Körper

1) Simsala möchte diesen Würfel mit Papier bekleben.

a) Wie viele einzelne Flächen muss sie ausschneiden? ____

b) Wie müssen diese Flächen aussehen?
Färbe die passende Fläche.

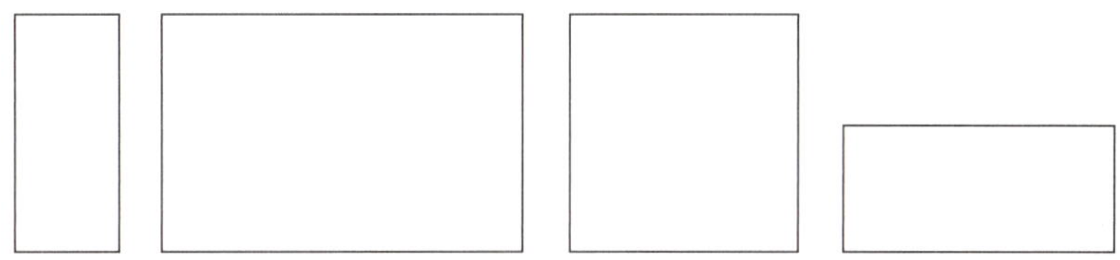

2) Bim möchte aus Kugeln und Stäben ein Würfelmodell bauen.
Was braucht er?

______ Kugeln   ______ Stäbe

3) Würfelgebäude: Pläne und Ansichten

A

B

C

a) Welche Ansichten gehören zu welchem Gebäude?
Male in der gleichen Farbe an. Kreuze an.

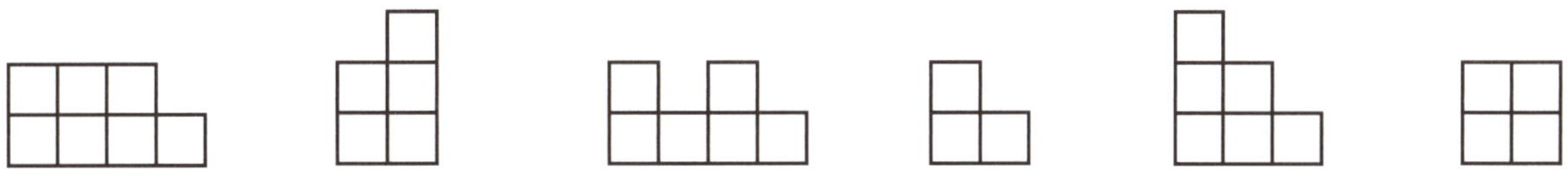

○ vorn ○ rechts	○ vorn ○ rechts	○ vorn ○ rechts	○ vorn ○ rechts	○ vorn ○ rechts	○ vorn ○ rechts

b) Zeichne die Baupläne zu den Würfelgebäuden.

Würfelnetze

MB S. 92/93

(1) Aus welchen Netzen kann man einen Würfel falten? Färbe sie.

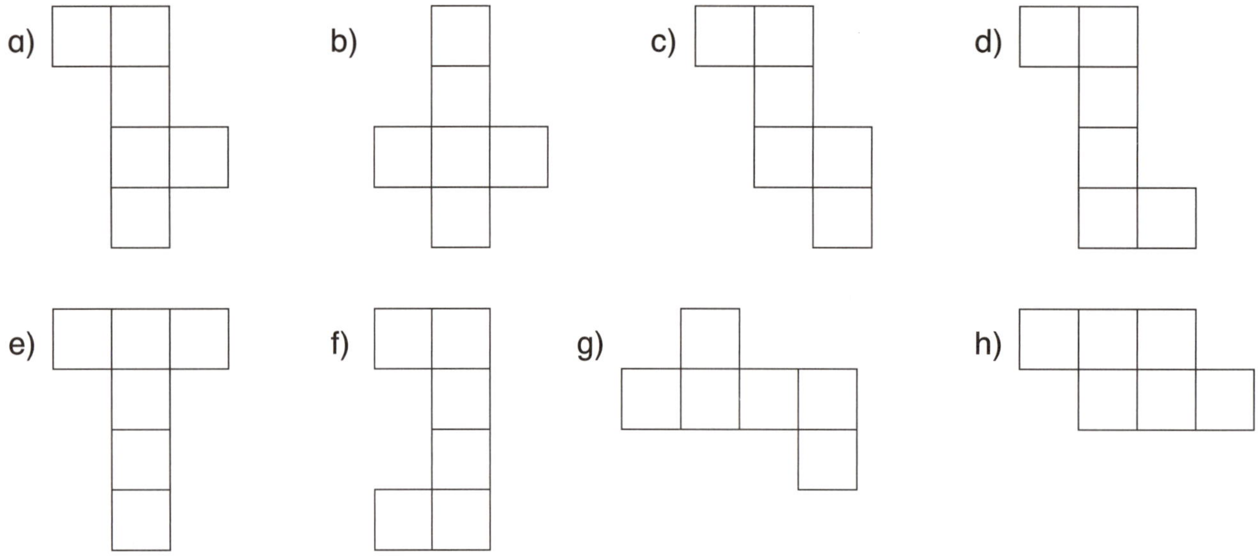

(2) Ergänze zu vollständigen Würfelnetzen.

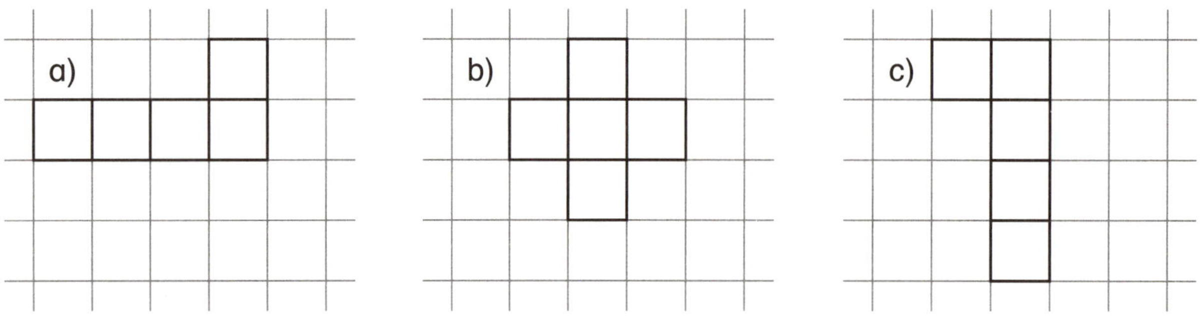

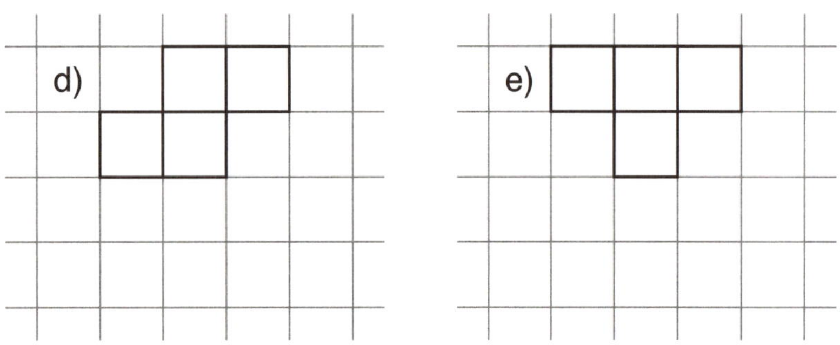

(3) Zeichne die fehlenden Würfelpunkte ein.

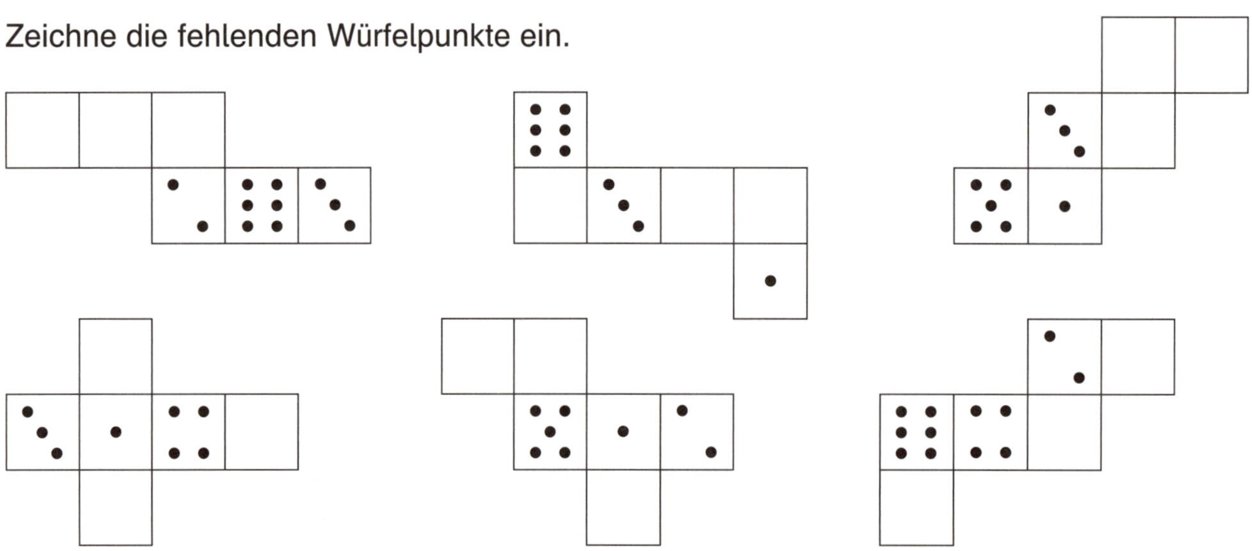

Bist du fit? ③ – Teil 1

1 Umfahre alle Aufgaben mit Übertrag. Rechne.

	7	2	4
+	1	6	5

	4	1	8
+	3	6	4

	5	2	6
+	2	8	3

	6	7	7
+		6	4

	3	1	4
+	5	2	3

2 Rechne.

	9	6	8
–	4	5	7

	7	2	4
–	5	1	8

	5	5	6
–	3	7	3

	8	8	2
–	6	3	3

	4	5	7
–	2	4	3

3 Schreibe stellengerecht untereinander und rechne.

a) 476 + 28 = ____
b) 386 + 106 = ____
c) 678 + 98 = ____
d) 947 – 276 = ____
e) 574 – 76 = ____
f) 429 – 87 = ____

a) b) c) d) e) f)

4 Schriftlich oder im Kopf?

351 + 46 = ____
628 – 98 = ____
758 + 142 = ____
956 – 236 = ____
467 + 358 = ____
819 – 276 = ____

5 Bei welchen Glücksrädern sind die Chancen zu gewinnen gleich groß?
Kreuze an.

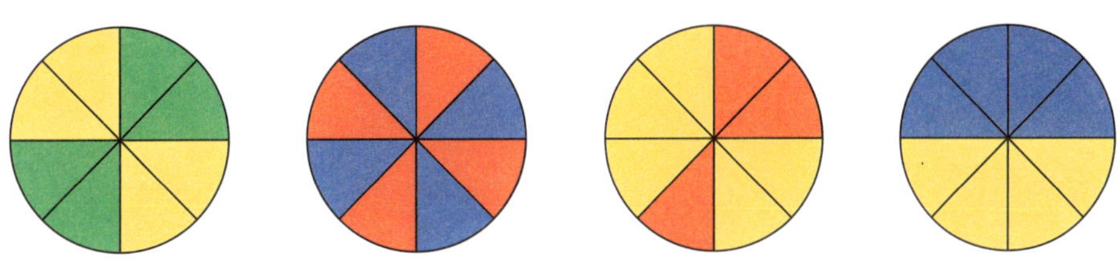

☐ ☐ ☐ ☐

① Verbinde Glücksrad und passende Aussage.

Es ist unmöglich, dass grün gewinnt.	Es ist sicher, dass grün gewinnt.	Es ist unwahr-scheinlich, dass grün gewinnt.	Es ist möglich, dass grün gewinnt.

② Körperformen: Was passt zusammen? Male in der gleichen Farbe an.

5 Ecken

8 Ecken

0 Ecken

6 Ecken

Würfel

Prisma

Kegel

Quader

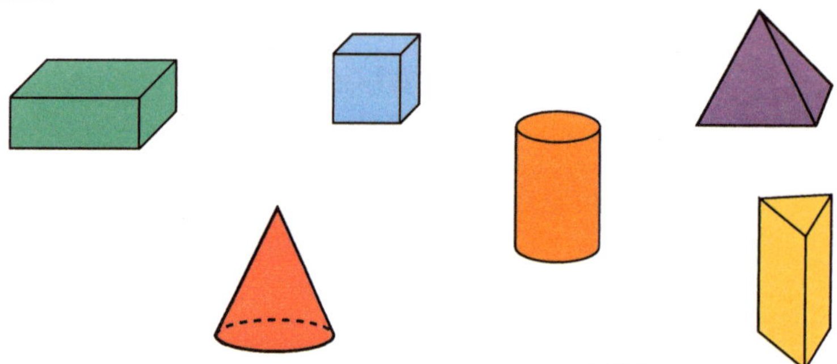

Zylinder

8 Ecken

Pyramide

1 Spitze / Ecke

③ Aus welchen Netzen kann man einen Würfel falten? Färbe sie.

a) b) c) d) e) f)

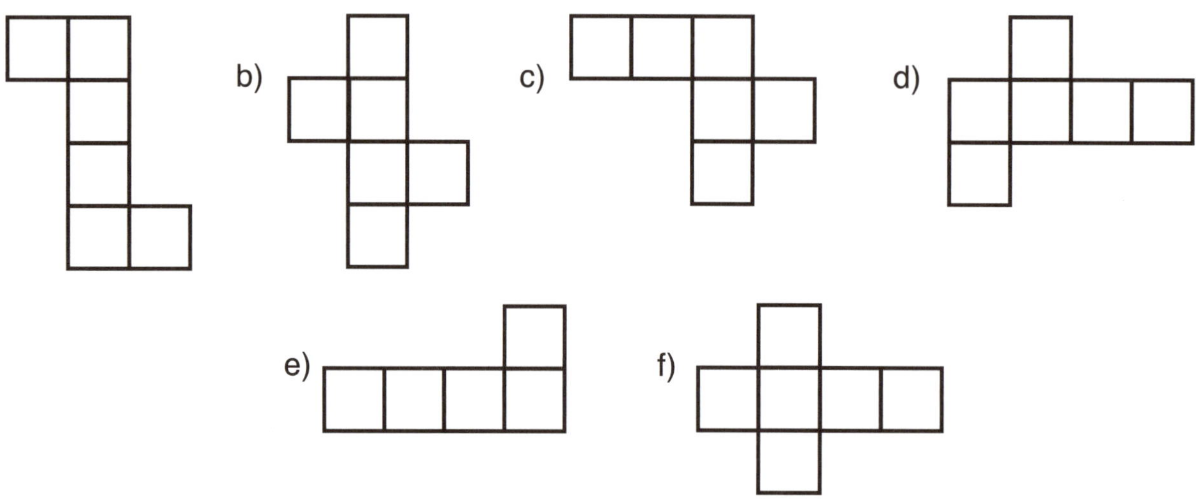

④ Eine Knobelaufgabe:
Andreas und Stefan haben zusammen 42 €.
Andreas hat 8 € mehr als Stefan.
Wie viel Geld hat jeder?

Antwort: ______________________

Rund ums Rad

1 Leon spart für das Fahrrad (1). 137 € hat er bereits gespart. Seine Tante gibt ihm 50 € dazu. Er könnte jeden Monat 4 € von seinem Taschengeld sparen. Da am Fahrrad kein Licht montiert ist, braucht er noch ein Beleuchtungsset.

Rechne aus:

a) Gesamtpreis ______________________

b) vorhandenes Geld ______________________

c) fehlendes Geld ______________________

d) So lange muss er sparen: ______________________

2 Monikas Vater macht die 3 Fahrräder für die Familie “frühjahrsfit”. Jedes Rad bekommt neue Fahrradmäntel. Ein Rad braucht ein neues Beleuchtungsset.

a) Wie viel muss er dafür im Fahrrad-Markt bezahlen?

Antwort: ______________________

An der Kasse gibt es Werkzeug für 9,90 € im Sonderangebot. Das nimmt er auch noch mit.

b) Wie viel kostet ihn sein Einkauf insgesamt?

Antwort: ______________________

MB S. 98/99

① Immer ein Kilometer: Ergänze.

1 km	
700 m	300 m
400 m	
	800 m
	200 m
900 m	

1 km	
350 m	
780 m	
	430 m
220 m	
	660 m

1 km	
451 m	
	338 m
722 m	
	546 m
912 m	

② 1 km = ______ · 100 m

1 km = ______ · 200 m

1 km = ______ · 250 m

1 km = ______ · 500 m

1 km = ______ · 500 m

1 km = ______ · 250 m

1 km = ______ · 200 m

1 km = ______ · 100 m

③ a) Welche Strecke schafft jeder in der angegebenen Zeit?

	1 Minute	2 Minuten	5 Minuten	10 Minuten	20 Minuten
Fußgänger	50 m				
Jogger	250 m				
Schlange	200 m				
Pferd	500 m				
Gepard	2 km				
Schnecke	20 cm				

b) Wann erreicht jeder einen Kilometer? Kreise ein.

c) Wie ist das beim Jogger? Wie lange braucht er? ______

… und beim Gepard? Wie lange braucht er? ______

… und die Schnecke? Wie lange braucht sie? ______

④ Katharina geht zu Fuß zu Mateja. Sie schafft 100 m in 2 Minuten.
Der Weg ist 1 km und 500 m lang. Wie viele Minuten braucht sie?

R:

A: ______

Radtour am Niederrhein

Lukas, Martin und Bastian haben mit ihren Eltern eine Radtour am Niederrhein gemacht. Hier siehst du ihre Fahrtstrecke.

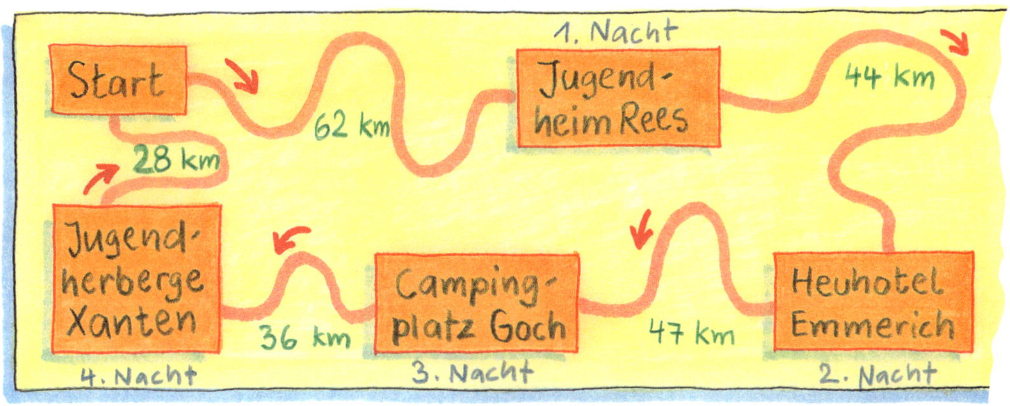

(1) Wie viele km sind sie geradelt?

A: ____________________

(2) Sie sind am Sonntag losgeradelt, an welchem Wochentag waren sie zurück?

A: ____________________

(3) Am Dienstag haben sie ihre Fahrtzeiten aufgeschrieben. Am "Heuhotel" in Emmerich sind sie um 9.00 Uhr gestartet. Pause machten sie von 10.30 Uhr bis 10.50 Uhr, von 13.00 Uhr bis 14.30 Uhr und von 15.30 Uhr bis 15.45 Uhr. Um 16.15 Uhr kamen sie am Campingplatz in Goch an.

Wie viele Stunden und Minuten saßen sie an diesem Tag auf ihren Rädern?

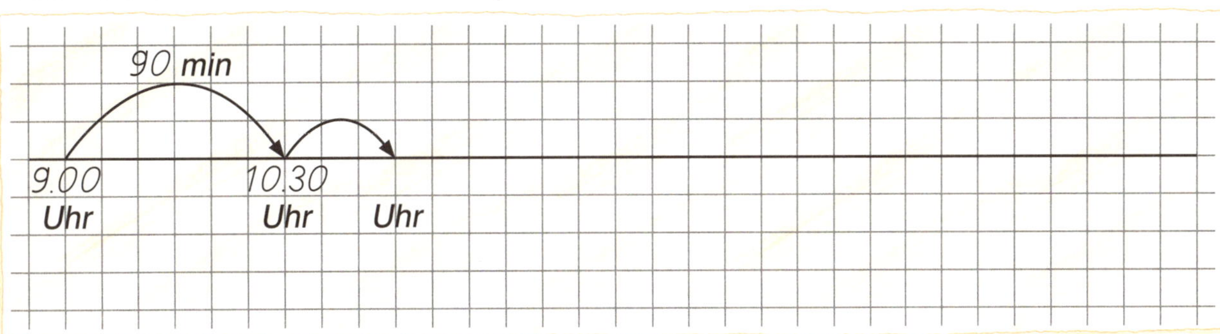

A: ____________________

(4) An der Jugendherberge in Xanten zählte Bastian 132 Fahrräder. Sie stellten ihre 9 Räder dazu. Danach fuhr eine Gruppe mit 19 Radlern und eine Gruppe mit 28 Radlern weg. Wie viele Räder standen jetzt noch da?

A: ____________________

MB S. 102/103

(1) Baue 3er-Türme mit . Jede Farbe kann mehrmals vorkommen.
Wie viele verschiedene Türme findest du? Färbe.

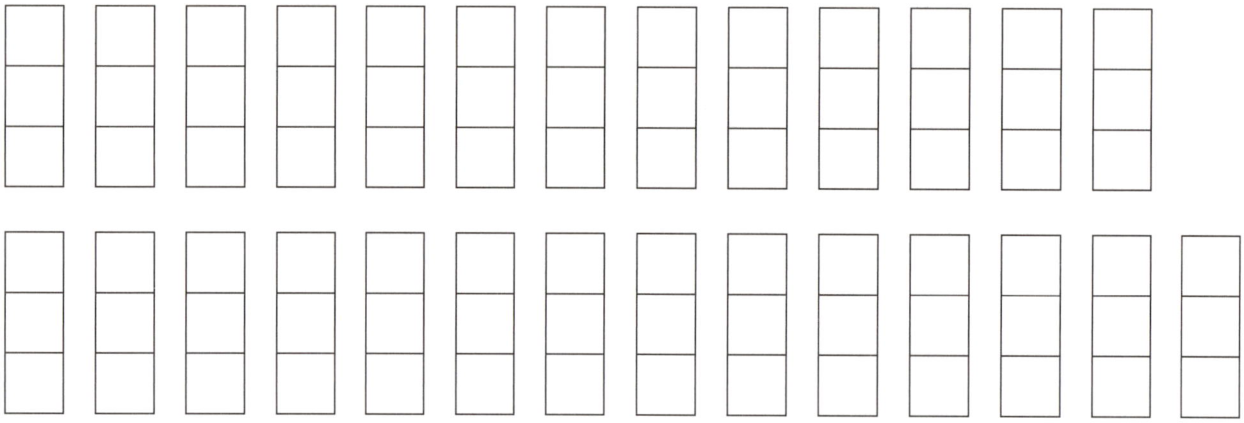

(2) Stefan hat 3 kurze Hosen und 4 T-Shirts.

Welche verschiedenen Kombinationen kann er bilden? Male an.

☆ (3) 5 Leute treffen sich.
Jeder gibt jedem die Hand.
Wie oft werden Hände geschüttelt?
Zeichne ein.

______

Rechnen mit Kommazahlen

(1)

gekauft	Gesamtpreis	gegeben	Rückgeld
2 Bleistifte 1 Spitzer	______ €		______ €
1 Block 1 Malkasten	______ €		______ €
3 Bleistifte 1 Radiergummi 1 Block	______ €		______ €
2 Blöcke 1 Spitzer	______ €		______ €

(2) Addiere schriftlich.

a) 2,86 € + 11,04 € + 2,14 € = ______

b) 0,79 € + 0,48 € + 6,53 € = ______

c) 12,36 € + 23,34 € + 15,57 € + 11,13 € = ______

d) 5,12 € + 0,75 € + 38,17 € + 0,15 € = ______

Mit diesen Scheinen wurde bezahlt:

 b

 ______

 ______

 ______

Das war das Rückgeld:

5,81 €	2,20 €	3,96 €	37,60 €

Welche Rechnung wurde mit welchem Schein bezahlt?
Trage oben ein.

Überschlagen und überprüfen

MB S. 106/107

1 Welche Überschläge passen am besten? Male an.

a)	453 + 151 + 386	400 + 200 + 400	400 + 100 + 300	500 + 200 + 400
b)	291 + 185 + 417	200 + 100 + 400	300 + 200 + 400	300 + 200 + 500
c)	367 + 158 + 275	400 + 100 + 300	400 + 200 + 300	300 + 100 + 200
d)	613 + 86 + 256	600 + 100 + 250	600 + 200	600 + 100 + 300
e)	508 + 79 + 187	600 + 200	600 + 100 + 200	500 + 100 + 200

Rechne nun genau. Vergleiche mit dem Überschlag.

a)
```
  453
  151
+ 386
-----
```
b) c) d) e)

2 Richtig *r* oder falsch *f*? Überprüfe.

```
  456        287        703
+ 275      +  98      + 256
  1 1         1          1
-----      -----      -----
  731        285        969
```

Rechne richtig:

3 Richtig *r* oder falsch *f*? Überprüfe mit der Umkehraufgabe.

```
  653   →    435
- 218      + 218
-----      -----
  435
```

```
  814
- 685
-----
  189
```

4 Zielzahl 600. Immer 2 Zahlen gehören zusammen.

~~352~~ 445 376 432 ~~248~~ 503 117 168 97 483 224 155

```
  352
+ 248
  1 1
-----
  600
```

Von Gewichten und vom Wiegen

① Kennst du noch unsere Vergleichsgewichte?

_____ kg _____ g _____ g _____ g _____ g _____ g _____ g

= _____ g

② a) Immer 500 g. Berechne die Anzahl.

_____ Becher Margarine _____ Tafeln Schokolade _____ Päckchen Butter

_____ Brötchen _____ Nussriegel _____ Gummibärchen

b) Immer 100 g. Berechne auch hier die Anzahl.

_____ Brötchen _____ Gummibärchen _____ Nussriegel

③ Berechne die fehlenden Zahlen.

Fruchtfleisch	132 g	206 g		115 g	59 g	46 g	
Kernhaus, Schale, …		65 g	13 g	7 g		3 g	19 g
Gesamtgewicht	165 g		148 g		74 g		192 g

④

1 kg sind ungefähr …

☐ Äpfel ☐ Kiwis ☐ Pflaumen

☐ Birnen ☐ Pfirsiche ☐ Nektarinen

☐ Orangen ☐ Melone ☐ Ananas

MB S. 110/111

1

Tinas Schultasche wiegt 3850 g. Sie nimmt das Federmäppchen und das Wörterbuch heraus. Wie viel wiegt der Ranzen jetzt?

Tims Tasche wiegt 2630 g. Er packt noch einen Block und das Englischbuch ein. Wie viel wiegt die Tasche jetzt?

Anna sagt: Ich packe das Sprachbuch, das Heft und den Block ein. Um wie viel ist meine Tasche jetzt schwerer?

A: Der Ranzen wiegt jetzt ______ g.

Die Tasche wiegt jetzt ______ g.

Die Tasche ist um ______ g schwerer.

2 Schultaschenrätsel

Meine Schultasche wiegt 1 kg 460 g. Was habe ich wohl eingepackt?

Ich habe nur Bücher eingepackt. Meine Tasche wiegt 1 kg 870 g.

Meine Tasche wiegt jetzt genau 1 kg mehr als vorher. Ich habe 3 Dinge dazugepackt.

900 g

Meine Lösung:

Multiplizieren und Dividieren mit Zehnerzahlen

1 Rechne aus.

4 · 6 = ___	6 · 7 = ___	9 · 5 = ___	3 · 7 = ___
4 · 60 = ___	6 · 70 = ___	9 · 50 = ___	3 · 70 = ___
40 · 6 = ___	60 · 7 = ___	90 · 5 = ___	30 · 7 = ___

2

500 = ___ · 50	360 = ___ · 9	180 = ___ · 6	240 = ___ · 80
250 = ___ · 5	540 = ___ · 90	240 = ___ · 60	720 = ___ · 8
300 = ___ · 50	450 = ___ · 9	300 = ___ · 6	640 = ___ · 80
350 = ___ · 5	720 = ___ · 90	420 = ___ · 60	400 = ___ · 8

3 Schreibe 3 verwandte Aufgaben auf.

72 : 8 = ___	63 : 7 = ___	54 : 6 = ___	49 : 7 = ___
720 : 8 = ___	630 : 7 = ___	540 : ___ = ___	490 : ___ = ___
720 : 80 = ___	___ : ___ = ___	___ : ___ = ___	___ : ___ = ___

4

160 : 8 = ___	180 : 60 = ___	80 : ___ = 20
400 : 8 = ___	300 : 6 = ___	160 : ___ = 40
240 : 8 = ___	360 : 60 = ___	240 : ___ = 6
560 : 80 = ___	300 : 60 = ___	400 : ___ = 50
480 : 80 = ___	540 : 6 = ___	560 : ___ = 70
800 : 80 = ___	420 : 60 = ___	500 : ___ = 10
720 : 8 = ___	600 : 6 = ___	450 : ___ = 90

5 Finde Malaufgaben.

400	160	280	1000
200 · 2	___	___	___
___	___	___	___
___	___	___	___
___	___	___	___
___	___	___	___
___	___	___	___

MB S. 114/115

1

·	8	80	88
3			

·	3	30	33
8			

·	4	40	44
7			

·	7	70	77
8			

·	9	90	99
6			

·	5	50	55
5			

·	4	40	44
9			

·	9	90	99
4			

·	8	80	88
8			

2 Rechne auf deinem Weg.

a) 76 · 8 = ____ 43 · 7 = ____ 52 · 3 = ____

b) 9 · 53 = ____ 7 · 56 = ____ 3 · 76 = ____

c) 65 · 4 = ____ 6 · 53 = ____ 8 · 43 = ____

3 Schriftlich oder im Kopf?

a) 4 · 98 = ____ 3 · 55 = ____ 37 · 6 = ____

b) 7 · 51 = ____ 4 · 37 = ____ 69 · 6 = ____

Halbschriftlich dividieren

1

:	4
360	
16	
376	

:	9
360	
81	
441	

:	6
360	
36	
396	

:	7
14	
210	
224	

:	5
250	
35	
285	

:	8
32	
640	

:	3
150	
21	

:	6
300	
12	
312	

:	8
400	
56	
456	

:	7
420	
28	
448	

2 Rechne auf deinem Weg.

232 : 4 = ____ 279 : 9 = ____ 512 : 8 = ____

462 : 6 = ____ 469 : 7 = ____ 222 : 3 = ____

475 : 5 = ____ 688 : 8 = ____ 224 : 7 = ____

3 Schriftlich oder im Kopf?

a) 395 : 5 = ____ 124 : 4 = ____ 648 : 8 = ____

b) 186 : 6 = ____ 297 : 3 = ____ 224 : 7 = ____

MB S. 116/117

(1) Wo steht der Sekundenzeiger? Zeichne ein.

nach 10 s | nach 15 s | nach 30 s | nach 45 s | nach 50 s | nach 59 s

(2) 1 Stunde = ______ Minuten

1 halbe Stunde = ______ Minuten

1 Viertelstunde = ______ Minuten

1 Dreiviertelstunde = ______ Minuten

1 Minute = ______ Sekunden

1 Tag = ______ Stunden

120 Sekunden = ______ Minuten

90 Minuten = ____________________

(3) Wandle um.

a) 3 min 19 s = ______ s

1 min 52 s = ______ s

6 min 41 s = ______ s

b) 215 s = ______ min ______ s

125 s = ______ min ______ s

190 s = ______ min ______ s

c) 1 h 28 min = ______ min

6 h 54 min = ______ min

3 h 26 min = ______ min

d) 115 min = ______ h ______ min

365 min = ______ h ______ min

255 min = ______ h ______ min

(4) Durchschnittliche Geschwindigkeiten
Wie lange würden die Menschen und Tiere für 1 Kilometer brauchen?

	Zeit für 100 m	Zeit für 200 m	Zeit für 1 Kilometer
Fußgänger	1 min 30 s	3 min	
Rennläufer	10 s		
Gepard	3 s		
Rennpferd	6 s		
Schlange	30 s		

Zeitspannen berechnen

① Wie lange dauert es? Berechne die Zeitspannen.

a) Kino
Beginn: 13.45 Uhr
Ende: 16.07 Uhr
Dauer der Vorstellung:

____ Stunden ____ Minuten

b) Zugfahrt
Abfahrt: 9.17 Uhr
Ankunft: 14.12 Uhr
Fahrtdauer:

____ Stunden ____ Minuten

c) Wanderung
Start: 8.30 Uhr
Ende: 12.25 Uhr
Dauer der Wanderung:

____ Stunden ____ Minuten

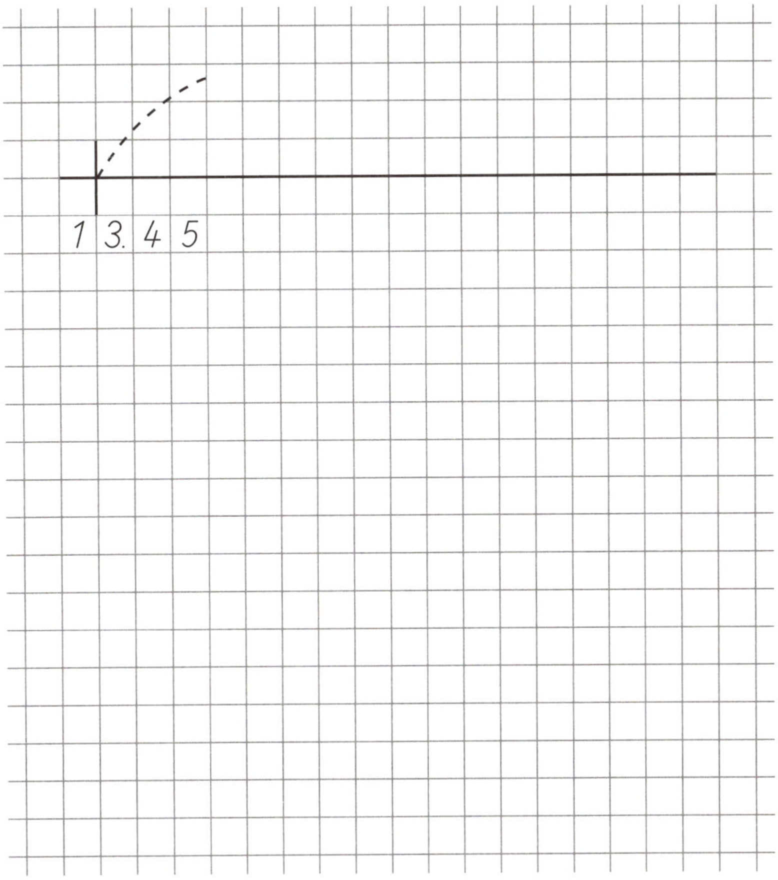

② Berechne die fehlenden Zeitpunkte.

a) Flugreise
Abflug: 9.30 Uhr
Flugdauer:
4 Stunden 45 Minuten

Ankunft: ______ Uhr

b) Besuch im Zoo
Start: 10.15 Uhr
Dauer des Besuches:
5 Stunden 55 Minuten

Ende: ______ Uhr

☆ c) Autofahrt

Start: ______ Uhr
Fahrtdauer:
3 Stunden 15 Minuten
Ende: 17.25 Uhr

① Immer ein Kilometer.

1 km = ___ · 500 m 1 km = ___ · 250 m 1 km = ___ · 100 m

1 km = ___ · 1000 m 1 km = ___ · 25 m 1 km = ___ · 10 m

② Ergänze auf 1 km.

500 m + ___ = 1 km 630 m + ___ = 1 km ___ + 450 m = 1 km

750 m + ___ = 1 km 190 m + ___ = 1 km ___ + 150 m = 1 km

③ Florian und seine Eltern machen eine Radtour. Am 1.Tag radeln sie 38 km, am 2.Tag schaffen sie nur die Hälfte vom 1.Tag. Am 3.Tag radeln sie 41 km. Wie viele km radeln sie insgesamt?

1.Tag: ___ km	2.Tag: ___ km	3.Tag: ___ km
Gesamtstrecke: ___ km		

④ Schreibe untereinander und rechne aus.

a) 3,42 € + 0,75 € + 6,98 € = ___

b) 0,25 € + 13,04 € + 6,37 € = ___

c) 5,43 € + 0,68 € + 15 € = ___

d) 7,62 € + 10,91 € + 0,23 € = ___

⑤ Male Rechnung und passenden Überschlag mit der gleichen Farbe an.

113 + 85 + 275	128 + 195 + 306	97 + 215 + 221	287 + 93 + 405
100 + 200 + 300	100 + 100 + 300	100 + 200 + 200	300 + 100 + 400

Bist du fit? ④ – Teil 2

① Vergleichsgewichte

____ g ____ g ____ g ____ g ____ g

② Berechne die fehlenden Angaben.

Inhalt	1000 g	400 g		
Verpackung	50 g		60 g	94 g
Gesamtgewicht		600 g	560 g	108 g

③ Rechne im Kopf.

8 · 40 = ____ 9 · 30 = ____ 6 · 40 = ____
8 · 60 = ____ 9 · 70 = ____ 6 · 90 = ____

36 : 4 = ____ 56 : 7 = ____ 24 : 8 = ____
360 : 4 = ____ 560 : 7 = ____ 240 : 8 = ____
360 : 40 = ____ 560 : 70 = ____ 240 : 80 = ____

④ Rechne auf deinem Weg.

67 · 5 = ____ 98 · 6 = ____ 242 · 3 = ____ 124 · 4 = ____

396 : 6 = ____ 392 : 7 = ____ 138 : 3 = ____ 585 : 9 = ____

⑤ Rechne trickreich.

43 · 5 = ____ 5 · 72 = ____ 36 · 4 = ____ 29 · 6 = ____

MB S. 120/121

Frankfurt → München Hbf
Fahrplanauskunft

Ab	Zug	Umst.	An
14.25	RE, ICE	1	18.30
14.34	RE, ICE	1	19.03
14.50	ICE	1	18.30
15.54	ICE	0	19.04

Ab	Zug	Umst.	An
16.20	EC	0	20.16
16.29	ICE	1	20.30
16.34	RE, ICE	1	21.02
16.50	ICE	1	20.30

(1) a) Wie lange dauern die Fahrten von Frankfurt nach München?

4 Stunden ____ min

14.34 18.34 19.03

Fahrtdauer: ____ Stunden ____ Minuten

14.50

Fahrtdauer: ____ Stunden ____ Minuten

15.54

Fahrtdauer: ____ Stunden ____ Minuten

16.20

Fahrtdauer: ____ Stunden ____ Minuten

16.34

Fahrtdauer: ____ Stunden ____ Minuten

b) Berechne den Zeitunterschied zwischen der kürzesten und längsten Fahrzeit.

____

c) Frau Müller will um 18.30 Uhr in München sein.
Wann muss sie in Frankfurt losfahren?

____

d) Herr Böhmer fährt mit dem Auto. Er fährt um 14.35 Uhr in Frankfurt los und kommt um 20.10 Uhr in München an. Vergleiche mit der Bahn.

____

Indianermuster

1 Setze das Muster fort.

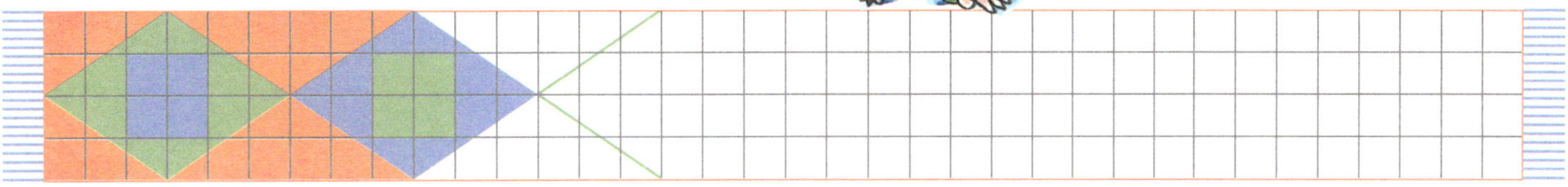

2 Setze auch hier das Muster fort.

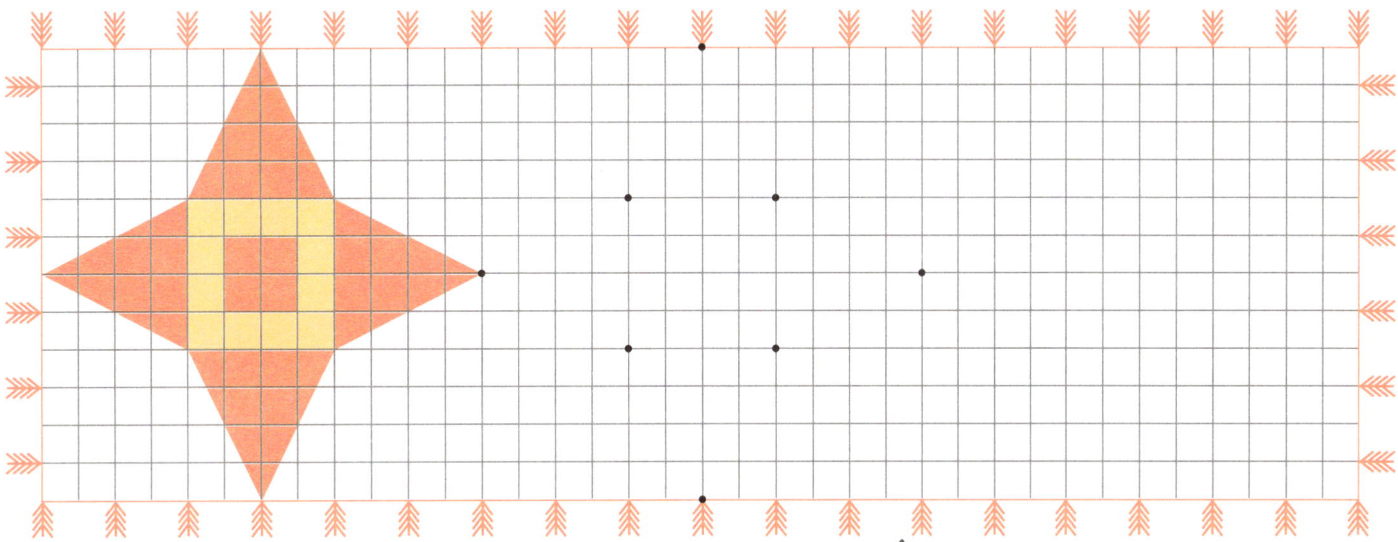

3 Setze das Muster in alle Richtungen fort.

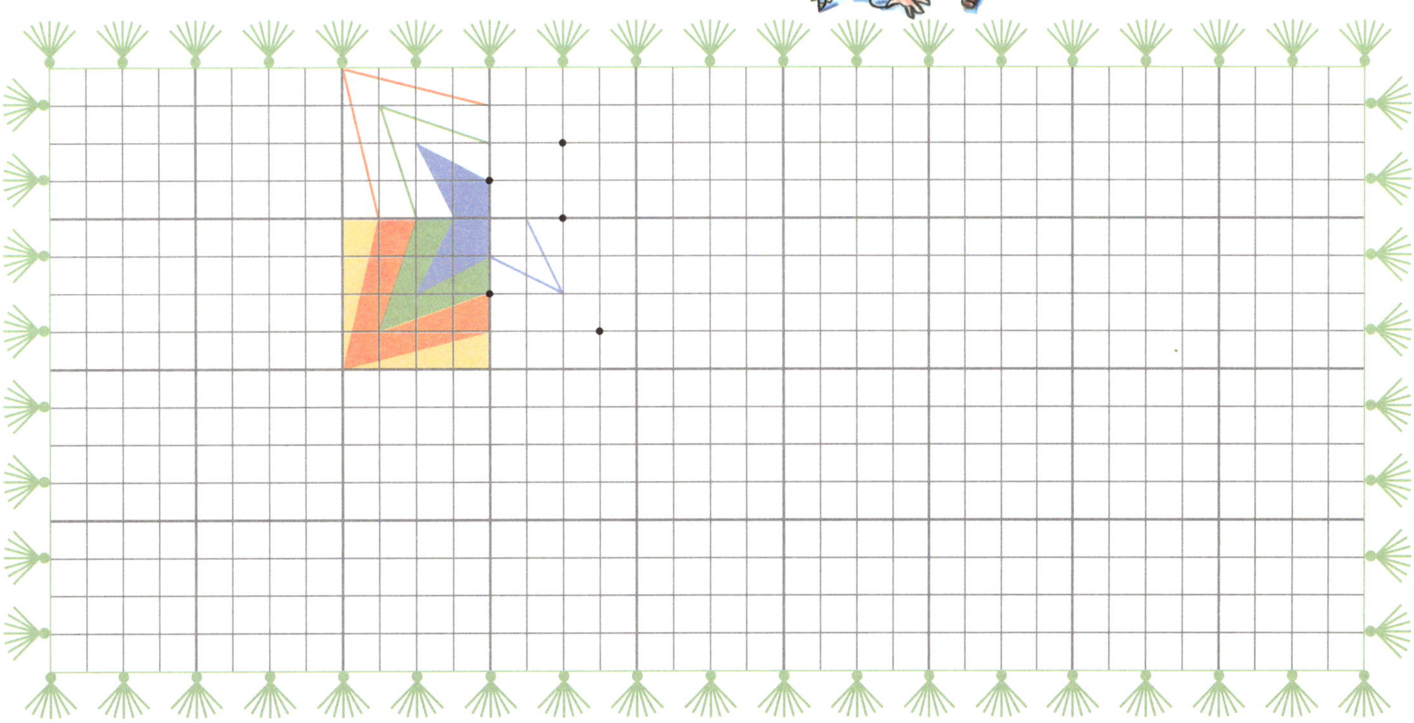

Wie Kinder ihre Freizeit verbringen ①

MB S. 126/127

① Leseinteressen von Mädchen und Jungen:
Die Kinder der Klasse 3a führten eine Umfrage zu den Leseinteressen von Jungen und Mädchen durch. Jeder durfte zwei Lieblingsbücher nennen. Das sind die Ergebnisse.

	Abenteuer-Bücher (1)	Comics (2)	Tier-Bücher (3)	Zauber-Geschichten (4)	Sach-Bücher (5)	Märchen (6)
Mädchen	10	6	18	10	7	10
Jungen	14	12	8	7	11	3

a) Zeichne ein Schaubild zu den Umfrageergebnissen.

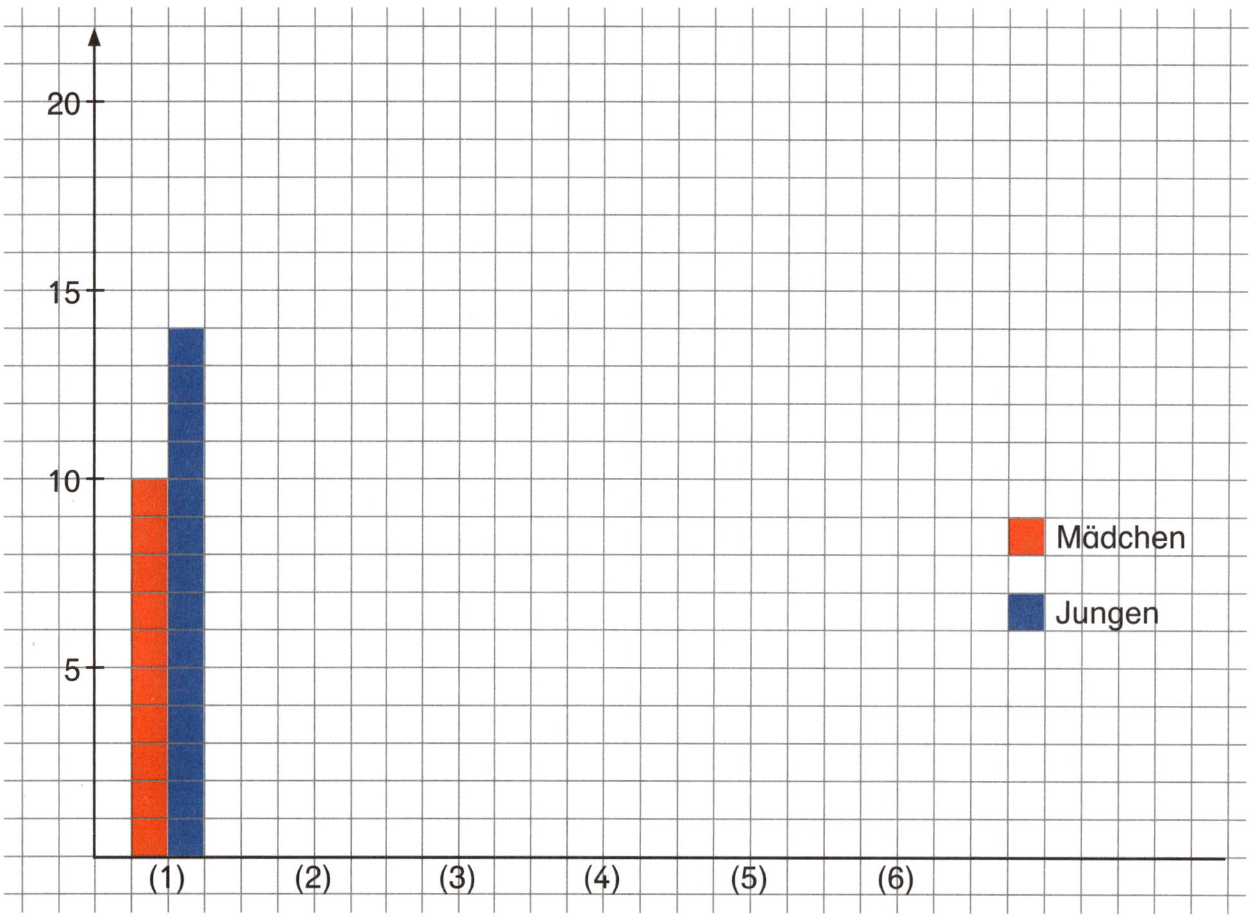

b) Welche Aussagen stimmen? Kreuze an.

- ☐ Bei den Mädchen sind Tierbücher am beliebtesten.
- ☐ Bei den Jungen sind Abenteuerbücher, Comics und Sachbücher beliebter als bei den Mädchen.
- ☐ Märchen sind bei den Jungen am wenigsten beliebt.
- ☐ Die Jungen lesen am liebsten Sachbücher.
- ☐ Dreimal so viele Jungen wie Mädchen lesen gerne Sachbücher.
- ☐ Sowohl Jungen als auch Mädchen lesen gerne Abenteuerbücher.
- ☐ Die meisten Kinder haben Tierbücher genannt.
- ☐ Die Mädchen haben Sachbücher am wenigsten genannt.

Wie Kinder ihre Freizeit verbringen ②

① Paul und Anna haben eine Woche lang notiert, wie viel Zeit sie am Computer verbracht haben. Sie haben ein Schaubild erstellt.

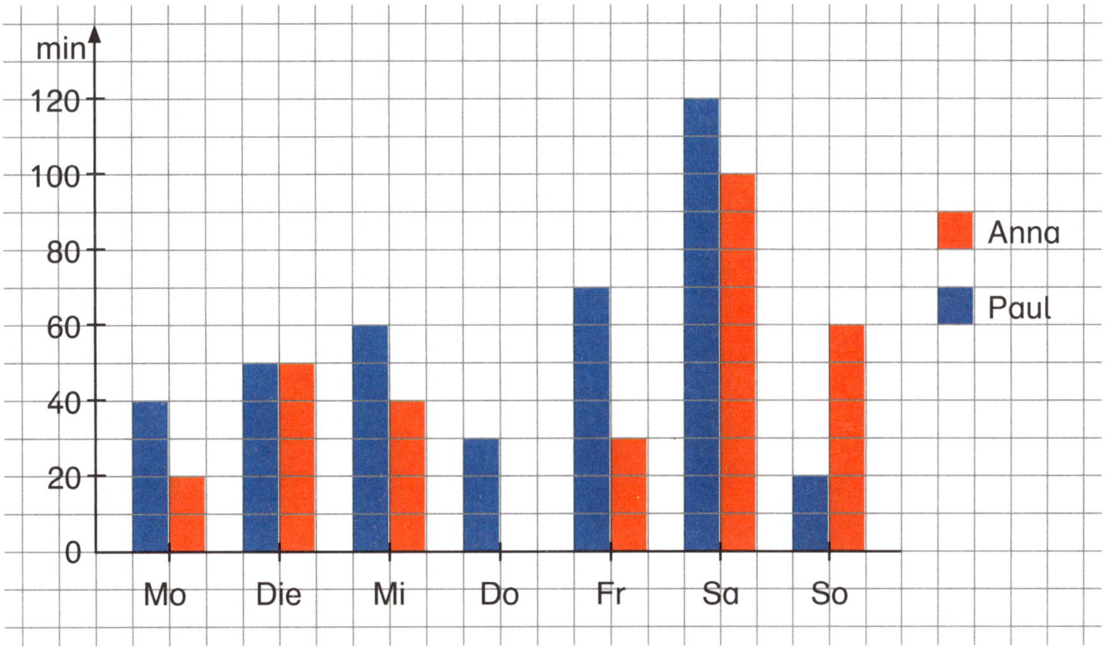

a) Welche Aussagen stimmen. Kreuze an.

- ☐ Paul verbrachte mehr Zeit am Computer als Anna.
- ☐ Am Donnerstag nutzte Paul den Computer nicht.
- ☐ Am Dienstag verbrachte Anna 20 Minuten am Computer.
- ☐ Am Dienstag verbrachten Anna und Paul gleich viel Zeit am Computer.
- ☐ Am Samstag verbrachte Paul die meiste Zeit am Computer.
- ☐ Anna nutzte den Computer in dieser Woche genau 5 Stunden.

b) Übertrage die Angaben aus dem Schaubild in die Tabelle.

	Mo	Di	Mi	Do	Fr	Sa	So
Anna	____ min						
Paul	____ min						

c) Ergänze den Text. dreimal so lange gleich lang halb so lang

Am Montag nutzte Anna den Computer ______________________ wie Paul.

Am Sonntag nutzte Anna den Computer ______________________ wie Paul.

Am Dienstag nutzten Anna und Paul den Computer ______________________.

(1) Hilf Simsala und Bim, die Lücken in ihrem Forscherbuch zu füllen.

Name	Steini-Dino	Aqua-Dino	Duplo-Dino	Gumbo-Dino	Ohro-Dino
Gewicht	4 t 728 kg		6 t 334 kg	3 t 506 kg	
Alter	226 Jahre	834 Jahre	567 Jahre		405 Jahre
Größe		30 m		21 m	16 m

Ich bin so groß wie Aqua-Dino, Gumbo-Dino und Ohro-Dino zusammen.

Ich bin zweimal 38 kg leichter als Steini-Dino.

Wenn du von meinem Gewicht 6 t und 34 kg abziehst und die Zahl dann durch 6 teilst, weißt du meine Größe.

Ich bin doppelt so alt wie Steini-Dino.

Meine 2 Ohren wiegen je 58 kg, der Rest 225 kg. Wie schwer bin ich?

(2)

Wer bin ich?

Wenn du 2 · 200 rechnest und dann noch 5 dazuzählst, weißt du mein Alter.

Name: ____________

Wer bin ich?

Wenn du von 5 t das Doppelte von 136 kg abziehst, erhältst du mein Gewicht.

Name: ____________

Wer bin ich?

Verdopple die Zahl 150. Teile sie nun durch 10. Jetzt weißt du meine Größe.

Name: ____________

Sommerferien 2012 in Deutschland

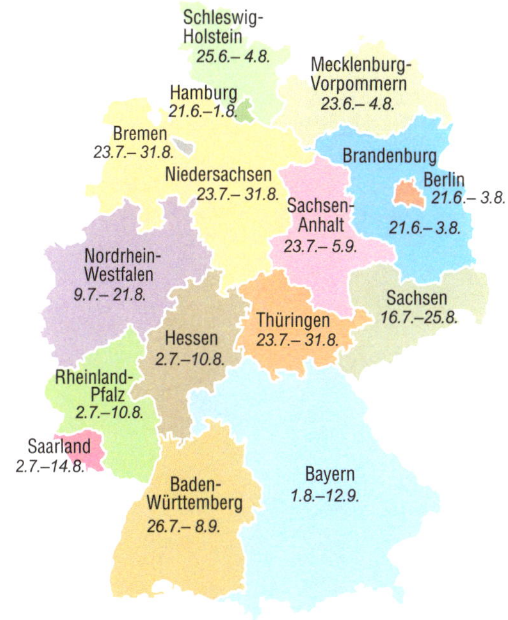

① a) Welche Bundesländer beginnen als erste mit den Ferien?

____

b) Welches Bundesland beginnt als letztes?

____

c) In welchen Bundesländern beginnen die Ferien am 23.7. und enden am 31.8.?

____

____

② Wie lang sind die Sommerferien in den folgenden Bundesländern?

Bundesland	Bayern (BY)	Baden-Württemberg (BW)	Nordrhein-Westfalen (NRW)	Berlin (B)
Tage				

③ a) Du ziehst in den Sommerferien von Nordrhein-Westfalen nach Bayern. Wie viele Tage hast du Ferien?

A: ______________________

Ferienbeginn in (NRW) ______

Ferienende in (BY) ______

b) Du ziehst zu Beginn der Ferien von Bayern nach Nordrhein-Westfalen. Wie viele Tage hast du Ferien?

A: ______________________

Ferienbeginn in (BY) ______

Ferienende in (NRW) ______

☆ ④ An welchem Tag haben alle Schüler im Jahr 2012 in Deutschland Sommerferien?

A: ______________________

①

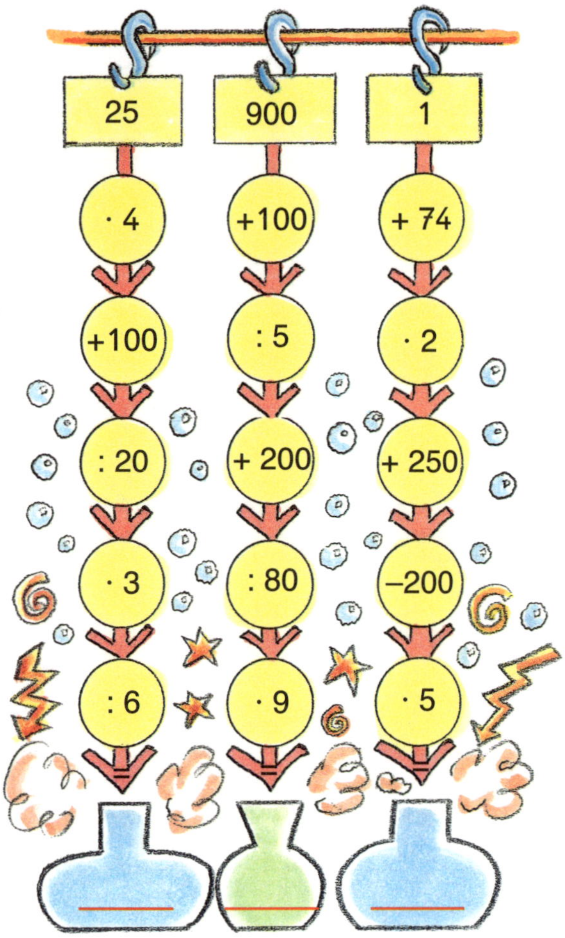

②

a)
```
  6 7 3
+ 2 8 8
-------
```

b)
```
  5 5 5
    9 1
+ 2 8 2
-------
```

c)
```
  9 3 1
–   5 5
-------
```

d)
```
  6 4 2
– 2 7 9
-------
```

e)
```
  9 6 3
– 2 1 6
-------
```

f)
```
  4 7 6
+ 3 5 3
-------
```

③

320 | 300 | 280 | ___ | ___ | ___ | ___ | ___

70 | 140 | 210 | ___ | 350 | ___ | 490 | ___

___ | 90 | 99 | 108 | ___ | ___ | ___ | ___

___ | ___ | ___ | 88 | 80 | 72 | ___ | ___ | ___

___ | ___ | ___ | ___ | ___ | ___ | 350 | 375 | 400

___ | ___ | ___ | ___ | ___ | ___ | ___ | 600 | 675 | 750

Im Zauberkeller ②

① a)

36 :   4 = ______
360 : 40 = ______
370 : 40 = ______

b)

48 :   8 = ______
480 : 80 = ______
500 : 80 = ______

c)

30 :   5 = ______
300 : 50 = ______
325 : 50 = ______

d)

18 :   3 = ______
180 : 30 = ______
195 : 30 = ______

e)

72 :   9 = ______
720 : 90 = ______
750 : 90 = ______

f)

54 :   6 = ______
540 : 60 = ______
550 : 60 = ______

② Auf welchem Weg findet jeder Geist zu seiner Flasche? Rechne und verbinde.

50 · 7 = 350	315 + 45 = ______	432 + 43 = ______
350 + 38 = ______	40 · 7 = ______	475 + 65 = ______
320 : 40 = ______	360 : 9 = ______	540 : 60 = ______
388 – 68 = ______	280 + 54 = ______	630 + 90 = ______
8 · 70 = ______	334 + 66 = ______	9 · 70 = ______
560 : 8 = ______	400 : 5 = ______	720 : 8 = ______

Basiswissen: Die Zahlen bis 1000

① Ordne diese Zahlen der Größe nach:

97, 907, 997, 79, 709, 799, 999, 17, 9, 271

____, ____, ____, ____, ____, ____, ____, ____, ____, ____

② Trage die Nachbarzahlen ein.

Vorgänger	Zahl	Nachfolger
	600	
	246	
	999	
	360	

③

a) Wie heißt die kleinste 3-stellige Zahl?

____

b) Wie heißt die größte 3-stellige Zahl?

____

④ Setze die Zahlenfolgen fort.

a) 191, 194, 197, ____, ____, ____, ____, ____, 215

b) 876, 882, 888, ____, ____, ____, ____, ____, 924

c) 418, 410, 402, ____, ____, ____, ____, ____, 354

☆ d) 305, 312, 308, 315, 311, ____, ____, ____, ____, 324

e) 783, 774, 779, 770, 775, ____, ____, ____, ____, 758

⑤ Vergleiche: (>) (<) (=)

a) 839 ◯ 893
268 ◯ 208
513 ◯ 531

b) 1001 ◯ 101
92 ◯ 902
347 ◯ 340

c) 5 H 2 Z 6 E ◯ 526
860 ◯ 8 Z 6 H
6 H 9 Z 1 E ◯ 196

⑥ Bilde dreistellige Zahlen: [3] [4] [7] [8]

____ ____ ____ ____ ____ ____
____ ____ ____ ____ ____ ____
____ ____ ____ ____ ____ ____
____ ____ ____ ____ ____ ____

Basiswissen: Die Zahlen bis 1000

(1) Zahlen darstellen

sprechen	T	H	Z	E	zeichnen	zerlegen
zweihundertfünf		2	0	5		205 = 200 + 5
sechshundertneunzehn						
siebenhundertneunundachtzig						
eintausend						

(2)

701									
									740
									800

Aus dem Tausenderleporello:

a) Trage alle Zahlen mit 5 Einern ein.

b) Trage alle Zahlen mit 9 Zehnern ein.

c) Trage die Zahlen in die gelben Felder ein.

(3)

H	Z	E
●●●●●●	●●	●●●●

a) Die Zahl heißt _____.

b) Du darfst 1 Plättchen dazulegen.

Welche Zahlen können entstehen? ____________________

(4)

H	Z	E
●●●	●●●●	●●

a) Die Zahl heißt _____.

b) Du darfst 1 Plättchen verschieben.

Welche Zahlen können entstehen? ____________________

(5) Wie heißt die Zahl?

a) Die Zahl hat 6 Hunderter, 9 Einer und einen Zehner. _____

b) Die Zahl hat 4 Einer, doppelt so viele Zehner und halb so viele Hunderter wie Einer. _____

c) Die Zahl hat 2 Zehner und 3-mal so viele Hunderter. _____

Basiswissen: Addieren und Subtrahieren

① In der Tabelle: Von leichten zu schweren Aufgaben

+	300	340	346
400			
420			
423			

+	500	530	537
300			
350			
356			

+	200	270	277
600			
640			
647			

② In der Tabelle: Von leichten zu schweren Aufgaben

–	500	520	527
800			
870			
879			

–	300	350	357
600			
680			
684			

–	700	760	768
900			
920			
923			

③ Achtung Rechenvorteile! Löse die Aufgaben im Kopf.

798 + 185 = ____ 456 + 199 = ____ 734 – 199 = ____ 702 – 698 = ____

④ Schriftlich addieren

	2	8	5
+	3	2	4

	5	1	9
+	2	1	4

	6	0	9
+	2	1	5

	4	8	9
+	1	2	2

	5	4	3
+	4	5	7

⑤ Schriftlich subtrahieren

	6	3	4
–	3	2	1

	7	2	5
–	2	1	6

	5	4	3
–	1	5	2

	9	8	6
–	2	9	7

1	0	0	0
–	2	4	5

⑥ Zahlenrätsel

Wenn ich von meiner Zahl 192 subtrahiere und dann die Hälfte von 96 addiere, erhalte ich 212.

Die Zahl heißt ____.

1 a) Kreise die Zahlen ein, die keine Einmaleinszahlen sind.

12 25 19 21 47 48 49 63

b) Finde zu den anderen Zahlen jeweils eine Malaufgabe.

2 Malaufgaben

a)

3 · 9 = ___	4 · 8 = ___	7 · 5 = ___	9 · 3 = ___
4 · 7 = ___	4 · 6 = ___	7 · 10 = ___	9 · 6 = ___
5 · 5 = ___	4 · 4 = ___	7 · 7 = ___	9 · 9 = ___

b)

24 = 3 · ___	42 = 6 · ___	32 = 4 · ___	20 = 5 · ___
48 = ___ · 8	36 = ___ · 6	16 = ___ · 4	40 = ___ · 10
56 = 7 · ___	24 = 6 · ___	40 = 4 · ___	60 = 10 · ___

c)

5 · 8 = ___	3 · 7 = ___	7 · 4 = ___	9 · 5 = ___
5 · 80 = ___	3 · 70 = ___	7 · 40 = ___	9 · 50 = ___

3 Geteiltaufgaben

a)

72 : 9 = ___	48 : 8 = ___	54 : ___ = 6	63 : ___ = 9
36 : 9 = ___	24 : 8 = ___	45 : ___ = 9	56 : ___ = 8

b)

360 : 10 = ___	450 : 10 = ___	1000 : 10 = ___	400 : 10 = ___
360 : 60 = ___	450 : 50 = ___	1000 : 20 = ___	400 : 80 = ___
300 : 60 = ___	490 : 70 = ___	1000 : 50 = ___	450 : 90 = ___

4 Zahlenrätsel

Wenn ich meine Zahl mit 60 multipliziere und anschließend durch 9 dividiere, erhalte ich 40.

Die Zahl heißt ___.

Basiswissen: Gewichte / Längen

① Ordne zu.

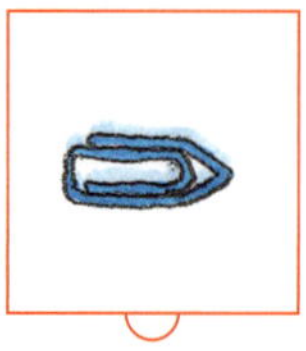

2 g | 10 g | 500 g | 5 kg | 70 kg | 5 t

②

Ergänze auf 1 kg.
307 g + ____ g
370 g + ____ g
37 g + ____ g

Ergänze auf 1 t.
850 kg + ____ kg
85 kg + ____ kg
805 kg + ____ kg

Rechne um.
1,2 t = ____ kg
1,02 t = ____ kg
0,12 t = ____ kg

Rechne um.
0,4 kg = ____ g
0,44 kg = ____ g
4,4 kg = ____ g

③ Ordne zu.

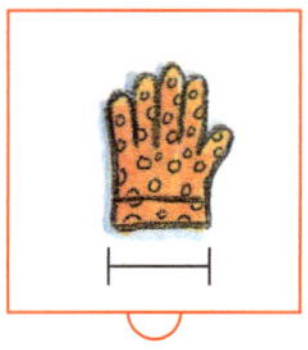

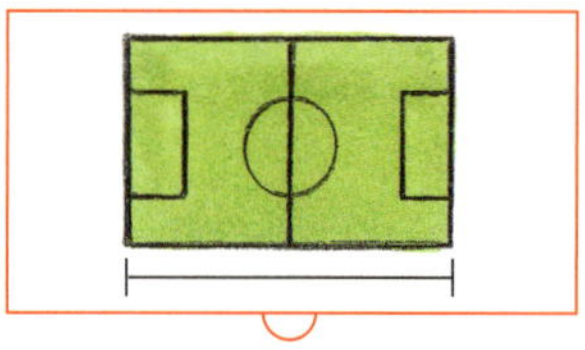

2 mm | 10 cm | 60 cm | 2 m | 100 m

④

Rechne um.
3,3 m = ____ cm
3,03 m = ____ cm
0,3 m = ____ cm

Rechne um.
4,2 km = ____ m
4,02 km = ____ m
0,42 km = ____ m

Ergänze auf 1 km.
988 m + ____ m
98 m + ____ m
980 m + ____ m

Ergänze auf 1 m.
12 cm + ____ cm
20 cm + ____ cm
1,2 cm + ____ cm

⑤

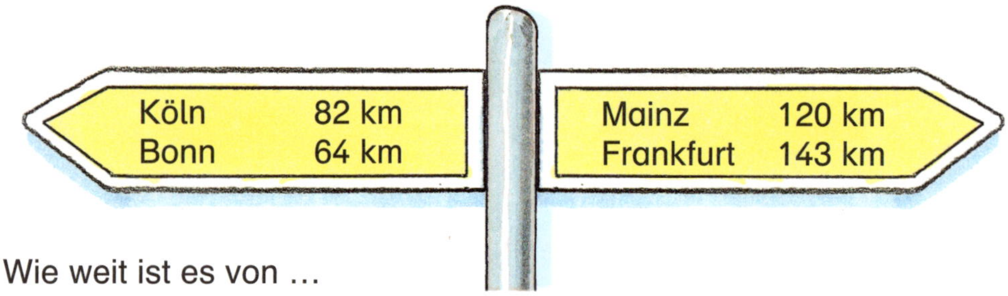

Wie weit ist es von …

Köln nach Mainz? ____ km
Köln nach Frankfurt? ____ km
Köln nach Bonn? ____ km
Bonn nach Mainz? ____ km
Bonn nach Frankfurt? ____ km
Mainz nach Frankfurt? ____ km

① 

 7.21 Uhr | ____ Uhr | ____ Uhr | ____ Uhr | ____ Uhr

 19.21 Uhr | ____ Uhr | ____ Uhr | ____ Uhr | ____ Uhr

② Zeichne die Uhrzeiger ein.

7.30 Uhr | 9.45 Uhr | 13.46 Uhr | 16.17 Uhr | 20.12 Uhr

③

Ergänze auf 1 min.	Ergänze auf 1 h.	Rechne um.	Rechne um.
45 s + ____ s	15 min + ____ min	4 min = ____ s	100 s = ____ min ____ s
55 s + ____ s	25 min + ____ min	4 min 20 s = ____ s	300 s = ____ min ____ s
5 s + ____ s	57 min + ____ min	6 min 40 s = ____ s	800 s = ____ min ____ s

④ Ordne zu.

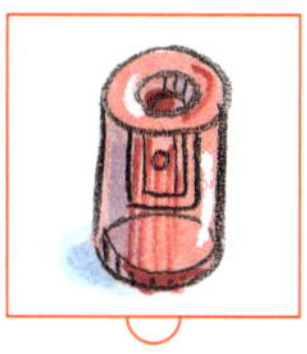     

0,50 € | 2 € | 15 € | 50 € | 200 € | 1000 €

⑤

Ergänze auf 1 €.	Ergänze auf 10 €.	Rechne um.	Rechne um.
50 ct + ____ ct	4,04 € + ____ €	4,14 € = ____ ct	87 ct = ____ €
55 ct + ____ ct	4,40 € + ____ €	0,44 € = ____ ct	870 ct = ____ €
5 ct + ____ ct	0,44 € + ____ €	4,04 € = ____ ct	807 ct = ____ €

(1) Ergänze den Text sinnvoll mit den Angaben von unten.

Stefan macht mit seinem Vater eine Fahrradtour zum Schönsee. Um ____________ geht es los. Sie radeln in ____________ eine Strecke von ____________, dann machen sie eine kurze Pause. Sie dauert ____________. Gestärkt machen sie sich an die restliche Strecke, die ________________ ist wie das erste Stück.
Um ____________ kommen sie am See an. ____________ schwimmen und spielen sie am See. Dann geht es zurück. Sie machen wieder nach der ____________ der Strecke ____________ Pause. Weil sie aber müde sind, brauchen sie für den Rückweg 30 Minuten länger.

3 Stunden | 10 km | 15 min | 8.30 Uhr

30 min | genauso lang | Hälfte | 15 min | 9.45 Uhr

(2) Wie lange brauchen sie für den Hinweg zum See?

Abfahrt ____ Uhr → + ____ min → + ____ min → + ____ min → Ankunft See ____ Uhr

Antwort: ____

(3) Wie lange brauchen sie für den Rückweg? Wann kommen sie zu Hause an?

Abfahrt See ____ Uhr → ( ) → ( ) → ( ) → zu Hause ____ Uhr

Antwort: ____

____

(4) Wie viele Kilometer sind sie geradelt?

Antwort: ____

① Ergänze die Steckbriefe.

Gesucht: Pyramide
Ecken: ____
Kanten: ____
Flächen: ____
Quadrate: ____
____

Gesucht: ________
Ecken: 8
Kanten: ____
Flächen: ____
Quadrate: 6
____

Gesucht: ________
Ecken: 0
Kanten: ____
Flächen: 3
Kreise: ____
Rechtecke: ____

② Welche Netze sind Würfelnetze? Male sie gelb an.

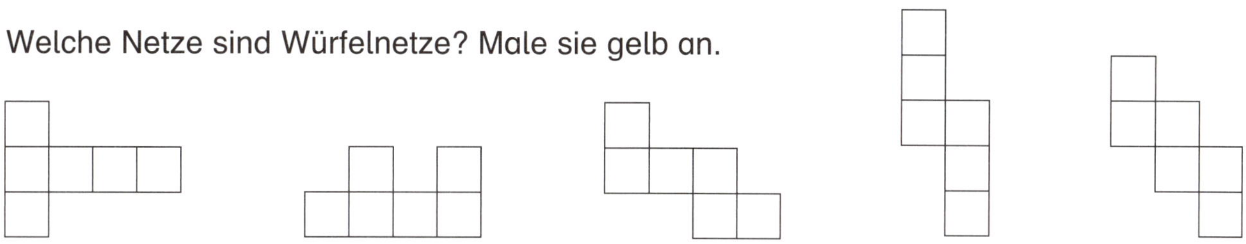

③ Wie viele Spiegelachsen haben die Figuren? Zeichne sie ein.

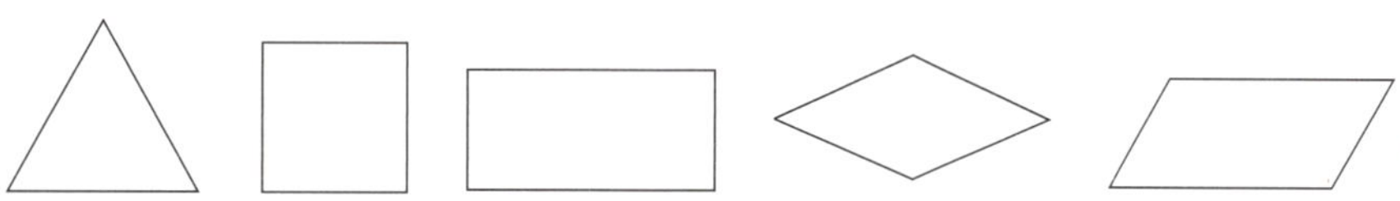

Spiegelachsen ____ ____ ____ ____ ____

④ Ergänze die Figuren symmetrisch.

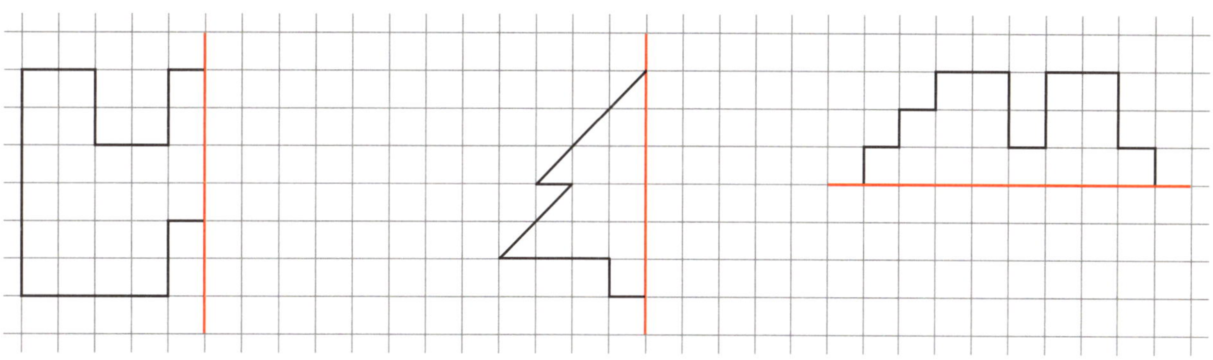

⑤ Setze die Muster fort.

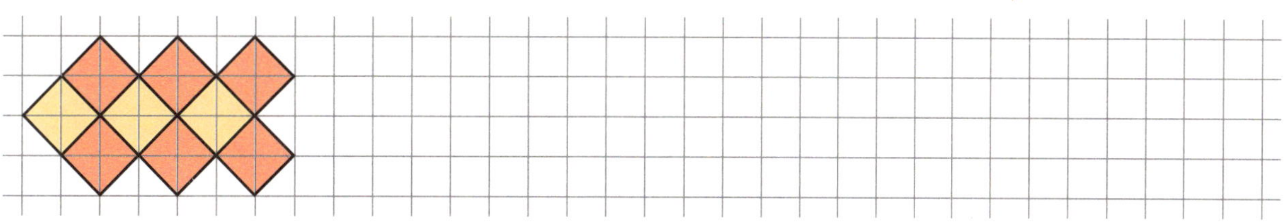

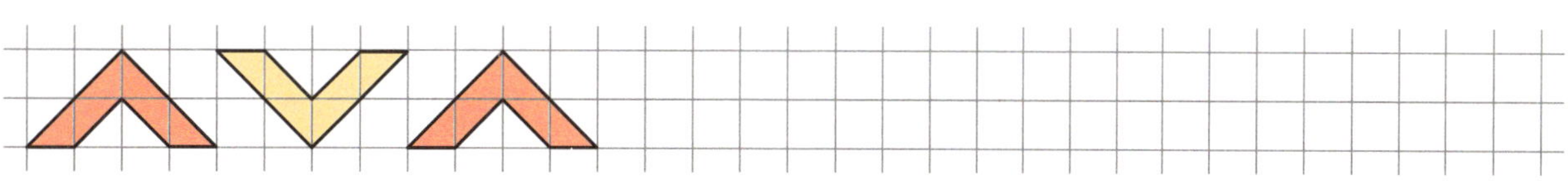

1 An einer Schule wurden 98 Schüler gefragt, welches ihr Lieblingsfach ist. Hier das Ergebnis der Umfrage.

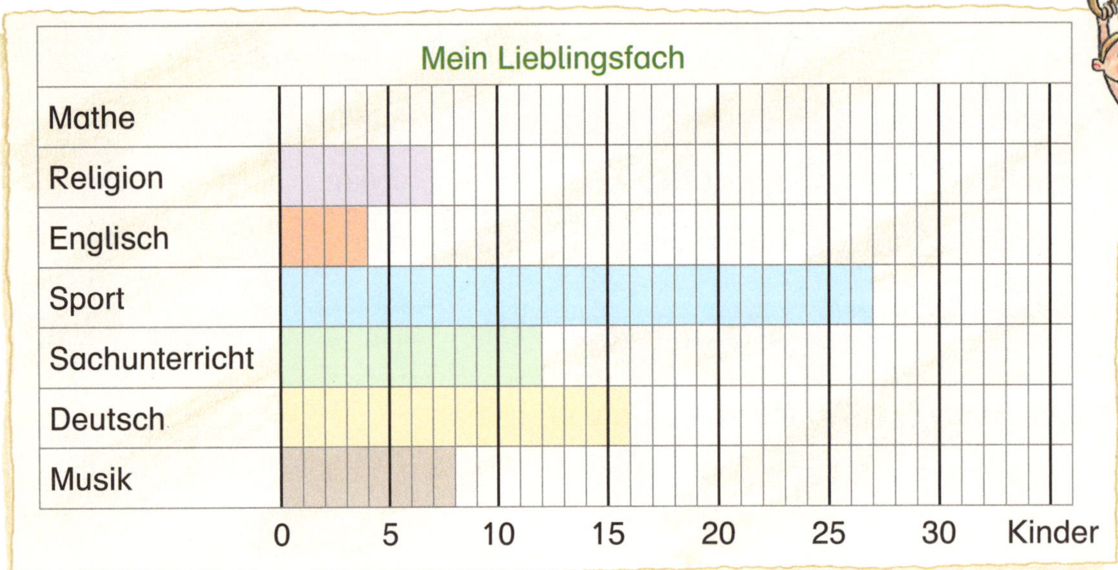

a) Welches ist das beliebteste Fach? ______________________

b) Welches Fach wurde am seltensten genannt? ______________________

c) Welches Fach wurde doppelt so häufig genannt wie Musik? ______________________

d) Wie viele Schüler haben als Lieblingsfach Mathematik angegeben?
Rechne und zeichne ins Schaubild ein.

2 Stefan hat die Kombination seines Zahlenschlosses vergessen.
Er weiß noch: Es hat die Nummern 1, 2, 4 und 8.
Welche Kombinationen sind möglich?

______ ______ ______ ______ ______ ______

______ ______ ______ ______ ______ ______

______ ______ ______ ______ ______ ______

______ ______ ______ ______ ______ ______